家常养生汤煲

方 彤 编著

团结出版社

图书在版编目（CIP）数据

家常养生汤煲 / 方彤编著 . -- 北京：团结出版社，
2014.10（2021.1 重印）

ISBN 978-7-5126-2308-8

Ⅰ . ①家… Ⅱ . ①方… Ⅲ . ①保健—汤菜—菜谱
Ⅳ . ① TS972.122

中国版本图书馆 CIP 数据核字 (2013) 第 302592 号

出　　版：团结出版社
　　　　　（北京市东城区东皇城根南街 84 号　邮编：100006）
电　　话：（010）65228880　65244790（出版社）
　　　　　（010）65238766　85113874 65133603（发行部）
　　　　　（010）65133603（邮购）
网　　址：http://www.tjpress.com
E-mail：65244790@163.com（出版社）
　　　　　fx65133603@163.com（发行部邮购）
经　　销：全国新华书店
排　　版：腾飞文化
图片提供：邴吉和　黄　勇
印　　刷：三河市天润建兴印务有限公司

开　　本：700×1000 毫米　1/16
印　　张：11
印　　数：5000
字　　数：90 千字
版　　次：2014 年 10 月第 1 版
印　　次：2021 年 1 月第 6 次印刷

书　　号：978-7-5126-2308-8
定　　价：45.00 元

中国是一个以美食著称的国度，拥有各式美味佳肴。我们从生下来，就与美食签下了终生协议，享受着来自精美食谱的每一份馈赠。其中，汤煲是美食中重要的组成部分，它不仅能带给您丰富的舌尖味蕾体验，更给了精神味蕾一次精彩又刺激的奇妙之旅。

无汤不上席、无汤不成宴，汤煲已成为一种饮食时尚。不论春夏秋冬，不分男女老少，每日饮食总不离功效各异的汤，不管是香浓醇美的老火靓汤，还是鲜美清淡的生滚汤汁，都是餐桌上一道永恒的风景。

说起汤煲，不论是东方还是西方，绝对是餐桌上少不了的一道菜肴。华人嗜汤，不仅喝其汁，而且进食其料；不仅享受其鲜美的味道，而且更加注重汤煲中各种清润滋补精华营养的吸收。你可以费时地精心炖制一道补汤，也可以迅速地完成一道淡甜美味的清汤。不管是家常便饭，还是进入高规格的酒店，餐桌上时常都会有汤相伴，甚至连外出购买便当或自助餐都少不了汤煲，可见汤煲早已融入到人们的生活当中！

每一匙，每一餐，喝出营养，喝出健康，贴心的是口味，关怀的是细节。本书为您倾心推荐多种养生汤煲的烹调方法，简单易学，方便实用。只要选对食材，掌握好火候，寻常百姓家也可做出既美味可口又滋补养生的汤煲……文火慢攻，缓缓煲来，食材的营养全都融入汤中，袅袅香郁中透露出浓浓的温馨、

 家常养生汤煲

温情，这就是"家的味道"！

　　本书精选日常生活中人们常见的、既实用又独具特色的各种营养保健汤，以简洁的文字和精美的彩图，对每款汤的用料配比、制作方法、成品特点、操作要领等作了具体的展示，并以通俗简洁的笔法，对各种原料的营养成分作了必要的介绍，使读者在学习制作佳肴的同时，还能了解和掌握食材的一些营养保健食疗知识，既可提高您的厨艺，又能提升生活品质，使日常饮食寓于保健养生之中，真正吃出美味，吃出健康，吃出长寿。

　　最后，愿《家常养生汤煲》伴随中华美食文化薪火传承，发扬光大！

前言

 康养生汤

 汤攻略

 汤的基本材料

 爽·醇美·蔬菜汤煲

Contents

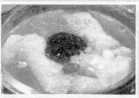

香 浓·调养·畜肉汤煲

 鲜 美·滋补·海鲜汤煲

美 味·养生·菌菇汤煲

醇 · 柔滑 · 禽蛋奶汤煲

 目录

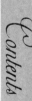 Contents

甜 润·养生·甜品汤煲

目录

清 香·营养·豆制品汤煲

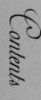

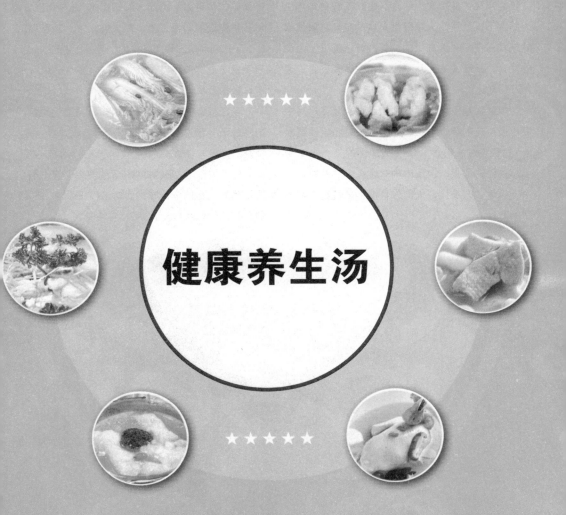

★ ★ ★ ★ ★

健康养生汤

★ ★ ★ ★ ★

家常养生汤煲

人类饮食活动有几次重大的变革，其中一次就是利用火，变生食为熟食。由茹毛饮血到炮生为熟，不仅使原始人享受到熟食的美味，更重要的是获得更多、更高级的营养成分，促进了大脑的发育，从而使人类从一般动物中区别开来，成为万物之灵。

由食物加工而成的熟食制品种类繁多，其中应用最广泛的要数汤类食品。法国著名厨师路易斯·古伊说过一句话："汤是餐桌上的第一佳肴。"可能是他的偏爱，但汤的确有这么一种魔力，无论一顿饭多么丰盛，人们总是把更多赞美之词加到汤上。

汤，是人们所吃的各种食物中最富营养、最易消化的品种之一。汤一般指以水为传热介质，对各种烹饪原料经过煮、熬、炖、汆、蒸等加工工艺，烹调而成的种类多样的、有滋有味的饮品。它不仅味道鲜美可口，且营养成分多半已融入水中，极易吸收。

汤在烹调中有举足轻重的作用，"唱戏的腔，厨师的汤"正说明了这一点。汤具有这些特殊、特别的作用与好处，在此，我们从汤的发展历史、汤的分类与作用、汤的特点、汤的养生保健作用、煲汤功略、实例分析等方面对汤作一系统、详细的介绍，使更多的人了解它、学会它。

汤的一些基本知识

汤的作用

汤作为我国菜肴的一个重要组成部分，具有非常重要的作用：

①饭前喝汤，可湿润口腔和食道，刺激胃口，增进食欲。

②饭后喝汤，可爽口润喉，有助于消化。

③中医认为汤能健脾开胃、利咽润喉、温中散寒、补益强身。

④汤还在养生、保健、食疗、美容等诸多方面对人体的健康起到非常重要的作用。

汤的分类

对于汤的分类，可以从四方面来概述：

①从一般原则上可分为奶汤、清汤和素汤三种。

②从原料上可分为肉类、禽蛋类、水产类、蔬菜类、水果类、食用菌类。

③从口味上分有咸鲜汤类、酸辣汤类和甜汤类。

④从形态上分有工艺造型和普通制作两种。

汤的特点

汤具有独特的特点，具体表现为以下几方面：

①鲜味之源。汤的主要特点是"鲜"。我们祖先创造这个"鲜"字时，可能就基于"鱼""羊"合在一起煮后产生的"鲜"味这个实践而创造的吧！我国的烹调十分讲究制汤调味，味精产生以前主要的鲜味都来自于汤。即使现今调鲜味的产品如此之多，仍有许多菜肴用汤来调鲜味。因而可以得出这样的结论：汤是鲜味之源。

②用料广泛。绝大多数种类的食物：水产、家畜、家禽、骨头、蔬菜、水果等都能作为汤的原料和配料。

③制作精细。汤的制作技艺十分讲究，每一步操作过程都十分精细，绝不能一煮就成。"菜好烧，汤难吊"，是历代厨师的经验之谈。

汤的养生、保健作用

有关喝汤的好处，几乎每个民族都有丰富的经验。许多民族认为"汤"是最便宜的，并验证它是有效的健康保险。

日本人相信"海藻汤"有很好的医疗作用，直到现在，日本妇女还有产后喝这种汤的习惯。日本的相扑运动员每天在运动后便要喝一大碗有牛、羊肉的"什锦汤"，并说他们"发力"的诀窍在于喝汤。

在地中海沿岸及北非国家，人们通过服用大蒜汤来防治疾病。

在朝鲜，喝蛇汤被认为能提高性机能，并能延年益寿，治疗神经系统疾病。

苏格兰人认为治疗感冒最好的方法是喝"洋葱麻雀汤"。

越南人看重燕窝汤。

美国许多家庭也坚信汤能健身和防治疾病，而其中以鸡汤为最灵。因为鸡汤营养丰富、美味爽口。鸡汤内所含的营养物质是鸡油、鸡肉和鸡骨内溶解出的少量水溶性的小分子蛋白质、脂肪

和无机盐等。汤中所含的蛋白质约为鸡肉的 7%，而汤里的鸡油大都属于不饱和脂肪酸。美国许多康复医院和疗养所都以鸡汤作为治病的"偏方"之一。传说意大利作曲家威廉第曾说自己的创作灵感就来源于喝鸡汤。

我国民间流传各种"食疗汤"。如鲫鱼汤通乳水；墨鱼汤补血；鸽肉汤利于伤口的收敛；红糖生姜汤可驱寒发汗；绿豆汤消凉解暑；萝卜汤消食通气；黑木耳汤明目；白木耳汤补阴；生鱼汤可加快手术后伤口愈合；参芪母鸡汤可治体虚之症；黄花鲫鱼汤可治产后乳汁不足；猪肉排骨汤可治疗老年骨质疏松症；米汤可治疗婴儿脱水；

黄瓜汤可减肥、美容；芦笋汤可抗癌、降压；虾皮豆腐汤可壮骨、促进儿童生长发育等。

在日常的饮食生活中，许多人都有自己喜爱的汤。敬爱的周总理就十分喜欢喝他家乡的干菜汤，生前每次南行，只要有机会，都要喝上一碗。汤除了有助于人体健康和治疗一般疾病之外，还可以使某些恶性病的发病率减少。

日本国立癌症中心免疫学部长平山雄调查表明，经常喝汤的人，患骨癌、肝硬化、心脏病而死亡的比率极低。从这里我们可以清楚地看到，汤是人类"廉价的健康保险"。

★ ★ ★ ★ ★

煲汤攻略

★ ★ ★ ★ ★

煲好汤的小技巧

①选料要严。

②冷水下锅。

③火候要准。

制汤在饮食行业里又称吊汤。吊汤技术是我国烹调技术的一朵瑰丽之花,也是每个厨师必须掌握的技术之一。鲜汤,特别是高级鲜汤,对菜肴的质量影响很大。尤其是鱼翅、燕窝、银耳、海参、熊掌等贵重而本身又无滋味的原料,就必须依靠鲜汤烹调增加其滋味,使之成为名肴。鲜汤是用新鲜味美、营养丰富的原料,加入水中一起煮熬,取其精华而形成的香浓味鲜的汤汁。

以上这三条就是制汤所要掌握的要领。但要制好汤还需掌握吊汤的一般程序:清汤过滤后,放入锅内;另用鸡肉剁成茸泥,适当加入葱末、姜末、料酒和少许清水拌匀,渗出血水后,倒入清汤内;锅架火上,用旺火加热,边加热,边用手勺推动搅转,待汤将沸时,立即选用小火,继续熬制。这样,汤内的细微渣滓就被鸡茸吸附,粘结在一起,浮出汤面。离火后,用勺撇净浮沫,晾凉,就是清澈如水、鲜味异常、营养丰富的汤。

提取鲜汤(即吊汤)的技术要领,主要有以下几个方面:

认识和掌握火候

火候，是菜肴烹调过程中，所用火力的大小和时间的长短。烹调时，一方面要从燃烧烈度鉴别火力的大小，另一方面要根据原料性质掌握成熟时间的长短。两者统一，才能使菜肴烹调达到标准。一般来说，火力运用大小要根据原料性质来确定，但也不是绝对的。有些菜根据烹调要求要使用两种或两种以上火力，如清炖牛肉就是先旺火，后小火；而余鱼脯则是先小火，后中火；干烧鱼则是先旺火，再中火，最后小火烧制。烹调中运用和掌握好火候要注意以下因素之间的关系。

①火候与原料的关系。菜肴原料多种多样，有老、有嫩、有硬、有软，烹调中的火候运用要根据原料质地来确定。软、嫩、脆的原料多用旺火速成；老、硬、韧的原料多用小火长时间烹调。但如果在烹调前通过初步加工改变了原料的质地和特点，那么火候运用也要改变。如将原料切细、走油、焯水等都能缩短烹调时间。原料量的多少，也和火候大小有关。数量少，火力相对就要减弱，时间就要缩短。原料形状与火候运用也有直接关系。一般来说，整形大块的原料在烹调中，由于受热面积小，需长时间才能煮熟，所以火力不宜过旺。而碎小形状的原料因其受热面积大，急火速成即可煮熟。

②火候与传导方式的关系。在烹调中，火力传导是使烹调原料发生质变的决定因素。传导方式是以辐射、传导、对流三种传热方式进行的。传热媒介又分无媒介传热和有媒介传热，如水、油、蒸汽、盐、沙粒传热等。这些不同的传热方式直接影响着烹调中火候的运用。

大火：一种最强的火力，用于"抢火候"的快速烹制，它可以减少菜肴在加热期间营养成分的损失，并保持原料的鲜美脆嫩，适用于熘、炒、烹、炸、爆、蒸等烹饪方法。

中火：也叫文火，有较大的热力，适于烧、煮、炸、熘等烹调手法。

③火候与烹调技法的关系。烹调技法与火候运用密切相关。炒、爆、烹、炸等技法多用旺火速成。烧、炖、煮、焖等技法多用小火长时间烹调。但根据菜肴的要求，每种烹调技法在火候运用上也不是一成不变的。只有在烹调中综合各种因素，才能正确地运用好火候。

小火：也称慢火、温火等。此火火焰较小，火力偏弱，适用于煎等烹饪手法。

微火：微火的热力小，一般用于酥烂入味的炖、焖等菜肴的烹调。

火候可分为大火、中火、小火、微火四种。

煲汤的基本材料

煲好汤，锅先行

"工欲善其事，必先利其器"。煲汤少不了工具，我们先来看看在煲汤、炖汤的时候，需要用到的工具。

砂锅

砂锅几乎是家家必备的厨具。东西很实用，而且不贵，几十块钱就能拿下。许多需要长时间炖煮的东西，用砂锅做的风味和口感都比普通金属锅具要好得多，对于煲汤自然更不在话下。

砂锅在使用前应该先用它煮一下米汤——少许米加水煮出的米汤，从而渗透每一个微小缝隙并将其填实，这样处理之后的砂锅不易炸裂。同时，我们建议砂锅每隔一段时间就煮一次米汤，可以起到保养的作用。

砂锅长时间不用的时候，可以用报纸包好。有条件的在里面再放上两块炭，这样砂锅既不易受潮，也不会在下次煲汤的时候有异味。另外需要注意的是，很热的砂锅最好让它自然冷却，如需端走放置，最好垫上木质餐垫。

瓦煲

理论上来讲，瓦煲和砂锅还是有所不同的。它的烧制温度比较高一些，所以瓦煲的耐热、耐冷程度都比砂锅要强一些。当然，单凭外观看，二者的外形区别就让你一目了然：瓦煲的外形更为专业一些，用它来煲汤，显得更为正宗。而且瓦煲属于大肚能容的类型，更适合一家人共享。

瓦煲的保养与使用和砂锅基本类似，只是在使用的时候，瓦煲的功能，趋向单一，基本只适合煲汤，而砂锅除做汤之外，还可以炖菜、炖肉。

炖盅

炖盅的使用不像瓦煲那样普遍，因为许多汤都是在天气寒冷的时候才比较适合炖，而煲汤却是一年四季可持续进行的。用炖盅做的汤叫作炖汤，是广东汤品中的一个类别，主要是（用炖盅）采用隔水加热的方式将汤做好。这种方法做出的汤，原汁原味，外面进入盅里的只有热度，盅里面则是原汤、原食、原味。炖汤比煲汤花费的时间要更长一些，广东素来有"三煲四炖"的说法，意即煲汤差不多用 3 小时，而炖汤则需 4 小时以上。

传统的炖盅都是陶瓷的，有人觉得炖汤时间太长，索性就把炖盅放在高压锅里。但是这样做出来的汤就失去了炖汤的味道和意义。因为只有用足够的加热时间，汤的味道才能更加纯正。

电炖盅

现在有了电炖盅，炖汤比过去更方便一些，但基本原理都是相同的。电炖盅是这些工具里面最现代化的一个，在使用上没有那么多禁忌，同时也能以不同食材来设定时间。它里面内置的加热程序会自动帮你把后续的工作都搞定，相对来说比较省心。

煲汤常用调料

八角

八角是八角树的果实，学名叫八角茴香，为常用调料。八角能除肉中臭气，使之重新添香，故又名大茴香。

【性味】性温、味甘辛。

【功效】散寒、理气、开胃。

【用途】八角性温、味甘辛，具有温阳散寒、理气止痛、温中健脾的功能。八角可用于治疗恶心呕吐、胃脘寒痛、腹中冷痛、寒疝腹痛、腹胀以及肾阳虚衰、阳痿、便秘、腰痛等病症，又具有刺激胃肠血管、增强血液循环的作用。

【适用人群】一般人群均可食用。

①适宜痉挛疼痛、白细胞减少症患者食用。

②不适宜阴虚火旺者食用。

姜

姜，姜科姜属植物，也称生姜，鲜品或干品可以作为调味品。姜经过炮制可作为中药的药材，有清热解毒的功效，是日常烹饪常用作料之一。

【性味】味辛、性温。

【功效】开胃止呕、化痰止咳、发汗解表。

【用途】用于脾胃虚寒，食欲减退，恶心呕

【性味】味辛、性温。

【功效】通阳活血、驱虫解毒、发汗解表。

【用途】主治风寒感冒轻症、痈肿疮毒、痢疾脉微、寒凝腹痛、小便不利等病症。对风寒感冒、头痛、阴寒腹痛、虫积内阻、痢疾等有较好的治疗作用。

【适用人群】一般人群均可食用。

①脑力劳动者更宜。

②患有胃肠道疾病特别是溃疡病的人不宜多食；另外葱对汗腺刺激作用较强，有腋臭的人在夏季应慎食；表虚、多汗者也应忌食；过多食用葱还会损伤视力。

蒜

白皮蒜：蒜瓣外皮呈白色，辣味淡，耐寒，耐贮藏。白皮蒜有大白皮和狗牙蒜两种，前者蒜头大，瓣均匀，后者蒜瓣极为细碎（20~30瓣），食用时剥皮费工。

紫皮蒜：蒜瓣外皮呈紫红色，瓣少而肥大，辣味浓厚，品质佳。

大蒜既可调味，又能防病健身，常被人们赞誉为"天然抗生素"。

【性味】味辛、性温。

吐或痰饮呕吐，胃气不和的呕吐；风寒或寒痰咳嗽；感冒、风寒所致恶风发热，鼻塞头痛。

【适用人群】一般人群均可食用。

①适宜伤风感冒、寒性痛经、晕车晕船者食用。

②阴虚内热及邪热亢盛者忌食。

葱

葱是日常厨房里的必备之物，北方以大葱为主，它不仅可作调味之品，而且能防治疫病，可谓佳蔬良药。大葱多用于煎炒烹炸。南方多产小葱，是一种常用调料，又叫香葱，一般都是生食或拌凉菜用。

记忆力明显下降等现象，这就是长期嗜食大蒜的后果，故民间有"大蒜百益而独害目"之说。

②大蒜特别适宜肺结核、癌症、高血压、动脉硬化患者。

干红辣椒

干红辣椒是辣椒经晾干后的制品。印度人称辣椒为"红色牛排"，墨西哥人将辣椒视为国食。在我国许多地区辣椒都是非常重要的调味品，甚至没有它就无法下饭，可见人们对它的钟爱。

【性味】味辛、性热。

【功效】开胃消食、暖胃驱寒、止痛散热、美容肌肤、降脂减肥、抵抗癌症、保护心脏、促进血液循环、降低血压。

【用途】主治寒滞腹痛、呕吐、泻痢、冻疮、脾胃虚寒、伤风感冒等症。

【适用人群】

①痔疮患者忌食：痔疮患者如果大量食用辣椒等刺激性食物，会刺激胃肠道，加剧痔疮疼痛，甚至导致出血等症状。痔疮患者应多饮水，多吃水果，少吃或不食辣椒。

②有眼病者忌食：红眼病、角膜炎等眼病患者吃辣椒会加重眼病。在治疗过程中，大量食用

【功效】温中消食、行滞气、暖脾胃、消积、解毒、杀虫。

【用途】主治饮食积滞、脘腹冷痛、水肿胀满、泄泻、痢疾、疟疾、百日咳、痈疽肿毒、白秃癣疮、蛇虫咬伤以及钩虫、蛲虫寄生等病症。

【适用人群】一般人都可食用。

①大蒜辛温，多食生热，且对局部有刺激，阴虚火旺、目口舌有疾者忌食；患有胃溃疡、十二指肠溃疡、肝病以及阴虚火旺者忌用；眼病患者在治疗期间，当禁食蒜和其他刺激性食物，否则将影响疗效。同时大蒜食用过多容易引起动火、耗血，有碍视力。有些长期过量吃大蒜的人，到五六十岁，会逐渐感到眼睛看东西模糊不清、视力明显下降，出现耳鸣、口干舌燥、头重脚轻、

辣椒、生姜、大蒜、胡椒、芥末等辛辣食品，也会影响疗效。

③慢性胆囊炎患者忌食：患有慢性胆囊炎者应忌食辣椒、白酒、芥末等辛辣食物，因为这些食物均有刺激胃酸分泌的作用，容易造成胆囊收缩、诱发胆绞痛。

④肠胃功能不佳者忌食：吃辣椒虽能增进食欲，但肠胃功能不佳尤其是胃溃疡者食用辣椒，会使胃肠黏膜产生炎症，应忌食辣椒。

⑤热症者忌食：有发热、便秘、鼻血、口干舌燥、咽喉肿痛等热症者，吃辣椒会加重症状。

香油

芝麻油古称胡麻油，现在又称香油、麻油，是一种日常生活中常用的调味品。芝麻油分为普通芝麻油、机榨芝麻油和小磨香油三种。

【性味】性平、味甘。

【功效】经常食用芝麻油可调节毛细血管的渗透作用，加强人体组织对氧的吸收能力，改善血液循环，促进性腺发育，延缓衰老，保持春青。

【用途】

①每晚睡前和早晨起床后喝半匙芝麻油，可治疗支气管炎和便秘。

②牙周炎、口臭、扁桃体炎、牙龈出血患者，每天含半匙芝麻油可减轻症状。

③鱼骨卡住食管时，喝一点芝麻油，鱼骨可滑过食管黏膜，并易排出体外。

④常食芝麻油有防治动脉硬化和抗衰老的作用。

⑤若用于烹炸食品或调制凉拌菜肴，则可去腥臊而生奇香；若配制中药，则有清热解毒、凉血止痛之功效。

【适用人群】

一般人均可食用。

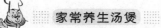

鸡精

其主要材料为鸡肉，经过加工配制而成。成品具有鸡肉的鲜香味，在汤品即将出锅前加入。

【性味】性平、味酸。

【功效】具有开胃、助消化之功效，所含营养价值比味精更高。

【用途】

①可以补充人体的氨基酸，有利于增进和维持大脑机能。

②因其具有很好的鲜味，故可增加食欲。

【适用人群】

一般人均可食用，高血压患者及痛风患者少食。

味精

味精是烹调中常用的鲜味调味品，有固体味精和液体味精两种。其化学名称叫谷氨酸钠，由大豆、小麦面粉及其他含蛋白较高的物质，经由淀粉发酵法制成。味精除含有谷氨酸钠外还含有少量的食盐，以含谷氨酸钠的多少（95%、90%、80%），分成各种规格。

【性味】性平、味酸。

【功效】味精对人体没有直接的营养价值，但它能增加食品的鲜味，引起人们的食欲。

【用途】具有治疗慢性肝炎、肝昏迷、神经衰弱、癫痫病、胃酸缺乏等病的作用。

【适用人群】一般成年人均可食用。

记忆障碍、高血压患者不宜食用，孕妇及婴幼儿不宜吃味精，老人和儿童也不宜多食。

料酒

料酒是一种常见的调料，几乎每家每户的厨房中都有。从理论上讲，啤酒、白酒、黄酒、葡萄酒都可以用作料酒。但人们经过长期实践、品尝后发现，黄酒的烹饪效果最佳。在煲汤过程中，料酒能起到去腥味的作用，还可以达到保鲜的功效。在煲鱼类、贝类、肉类汤的过程中，加点儿料酒，不但可以溶解一部分油脂，还可以使汤品散发出鲜香味。

【性味】性平、味甘。

【功效】料酒中含有多种维生素和微量元素，可使菜肴的营养更加丰富。

【用途】

①温饮黄酒，可帮助血液循环，促进新陈代谢，具有补血养颜、活血驱寒、通经活络的功效，能有效抵御寒冷刺激，预防感冒。

②黄酒还可作为药引子食用。

【适用人群】

一般人均可食用。

醋

醋是一种发酵的酸味液态调味品，以含淀粉类的粮食（高粱、黄米、糯米、籼米等）为主料，谷糠、稻皮等为辅料，经过发酵酿造而成。醋在烹调中为主要的调味品之一，以酸味为主，且有芳香味，用途较广，是糖醋味菜肴的主要原料。比较著名的品种有江苏镇江的香醋和山西的老陈醋等，常用于熘菜、拌菜及腥味较重的菜肴。

【性味】性温、味酸苦。

【功效】能去腥解腻，增加鲜味和香味，能在食物加热过程中减少维生素C损失，还可使烹饪原料中的钙质溶解而利于人体吸收。

【用途】

①醋可以开胃，促进唾液和胃液的分泌，帮助消化吸收，使食欲旺盛，消食化积。

②醋有很好的抑菌和杀菌作用，能有效预防肠道疾病、流行性感冒和呼吸疾病。

③醋可软化血管、降低胆固醇，是高血压等心脑血管病人的一剂良方。

④醋对皮肤、头发能起到很好的保护作用，中国古代医学就有用醋入药的记载，认为它有生发、美容、降压、减肥的功效。

【适用人群】

一般人均可食用。

脾胃湿盛、外感初起者忌服；胃溃疡和胃酸过多者不宜食醋。

家常养生汤煲

清爽・醇美
蔬菜汤煲

娃娃菜

挑选

娃娃菜的叶基较窄，叶脉细腻，颜色微黄，帮薄，褶细。

性味

其性微寒无毒，微甜，味道无生性味。

营养成分

营养素含量 /100 克

成分名称	含量	成分名称	含量
热量（千卡）	8	碳水化合物（克）	2.4
脂肪（克）	1	蛋白质（克）	1.9
纤维素（克）	2.3		

养生功效

①养胃：娃娃菜暖胃，可治疗胃寒症。

②生津止渴：娃娃菜能润喉去燥，使人清爽舒适。

③利尿：娃娃菜能清除体内毒素和多余的水分，促进血液和水分的新陈代谢，有利尿、消水肿的作用。

④通便：娃娃菜中的纤维素可以促进肠壁蠕动，帮助消化，防止大便干燥。

⑤解毒：娃娃菜中的维生素 C 有助肝脏解毒。

⑥清热：娃娃菜能清心泻火，清热除烦，能够消除血液中的热毒。

适宜人群

娃娃菜适宜口干、眼干、思虑过度、睡眠不足、讲话过多、容易上火的人群食用。

食物禁忌

哺乳期的妇女不宜过多食用，身体虚寒者也不宜过多食用。

视觉享受 ★★★★ 味觉享受 ★★★★ 操作难度 ★★★

娃娃菜浸鱼滑

TIME 30分钟

菜品特点
富有弹性
鲜而不腻

主料: 娃娃菜500克

配料: 姜、蒜、葱、盐、鸡精、植物油、麻油、料酒、胡椒粉、生粉、鱼滑，鸡腿菇各适量

操作步骤

①娃娃菜洗净，控干水分，切两半；蒜剥皮；姜切片；葱切碎；鸡腿菇洗净切块，放油锅快速翻炒出锅备用。

②鱼滑放入碗中，加植物油、葱碎、麻油、盐、鸡精、胡椒粉、生粉搅匀至起胶。

③锅中倒植物油，油热后下蒜瓣、姜片，炸至金黄色时放入娃娃菜，加料酒，然后添入清水，煮沸后转小火，加炒好的鸡腿菇煮几分钟熄火。

④用筷子依次夹起少许鱼滑，慢慢下入停火的锅内，盖上锅盖浸10分钟后开火，等沸腾时，加盐、鸡精调味，最后撒上葱碎略煮即成。

操作要领

煮娃娃菜的水以浸过菜面为宜。

主料: 娃娃菜2棵，藏红花少许

配料: 清鸡汤、盐、熟鸡油各适量

操作步骤

①娃娃菜洗净，控干水分，装入深盘中。

②清鸡汤倒入碗中，加盐搅匀，淋在娃娃菜上。

③将藏红花撒在娃娃菜上，封好保鲜膜，入蒸笼蒸制15分钟，最后取出揭去保鲜膜，浇上熟鸡油即成。

操作要领

此菜的关键是备好清鸡汤。

视觉享受 ★★★★ 享受 ★★★★ 操作难度 ★★★

红花娃娃菜

TIME 20分钟

菜品特点
汤汁清淡

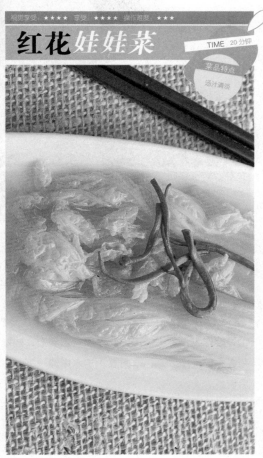

娃娃菜杂汤

TIME 40 分钟

菜品特点
香浓味鲜
口感浓郁

视觉享受：★★★
味觉享受：★★★★★
操作难度：★★★

**主料：** 娃娃菜1棵，猪肉丸、羊肉、虾、粉丝、香菇各少许

**配料：** 生抽、黄酒各10克，盐适量，香油少许

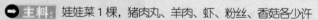

操作步骤

①香菇泡发；虾去外皮，洗净加黄酒浸泡；娃娃菜去根，洗净掰开；羊肉放入沸水中焯一下，然后切条。

②锅置火上，倒入黄酒、虾仁，翻炒片刻后再加入香菇、羊肉、猪肉丸，继续翻炒，加生抽调味。

③添入清水，以大火煮沸，然后转小火煮12分钟，加入粉丝，继续焖煮。

④出锅前加入娃娃菜，加入盐调味，煮至娃娃菜断生，最后滴几滴香油即成。

操作要领

蒜能激发出娃娃菜特有的香味，喜欢的朋友可以根据自己口味添加。

萝卜

挑选

萝卜形状各异，颜色多样，在挑选时应挑选个体大小均匀，无破损的。

性味

性凉，味甘、辛。

营养成分

营养素含量/100克

成分名称	含量	成分名称	含量	成分名称	含量	成分名称	含量
可食部（%）	95	水分（克）	93.4	能量（千卡）	21	锰（毫克）	0.09
蛋白质（克）	0.9	脂肪（克）	0.1	碳水化合物（克）	5	膳食纤维（克）	1
胆固醇（毫克）	0	灰分（克）	0.6	维生素 A(毫克）	3	胡萝卜素（毫克）	20
视黄醇（毫克）	0	硫胺素（微克）	0.02	核黄素（毫克）	0.03	尼克酸（毫克）	0.3
维生素 C（毫克）	21	维生素E（毫克）	0.92	钙（毫克）	36	磷（毫克）	26
钾（毫克）	173	钠（毫克）	61.8	镁（毫克）	16	铁（毫克）	0.5
锌（毫克）	0.3	硒（微克）	0.61	铜（毫克）	0.04		

养生功效

①增强机体免疫功能：白萝卜含丰富的维生素 C 和微量元素锌，有助于增强机体的免疫功能，提高抗病能力。

②帮助消化：白萝卜中的芥子油能促进胃肠蠕动，增加食欲，帮助消化。

③防癌抗癌：萝卜含有木质素，能提高巨噬细胞的活力，吞噬癌细胞。此外，白萝卜所含的多种酶，能分解致癌的亚硝酸胺，具有防癌作用。

④生津止渴：润喉去燥，使人清爽舒适。适宜口干、眼干、思虑过度、睡眠不足、讲话过多的人群。

⑤化痰止咳：对咽喉部有良好的湿润和物理治疗作用，有利于局部炎症治愈，并能消除局部痒感，从而阻断咳嗽反射。

适宜人群

一般人都可食用。

食物禁忌

萝卜性偏寒凉而利肠，脾虚泄泻者慎食或少食；胃溃疡、十二指肠溃疡、慢性胃炎、单纯甲状腺肿、先兆流产、子宫脱垂等患者忌吃。

萝卜丝墨鱼汤

视觉享受：★★★
味觉享受：★★★★
操作难度：★★★

TIME 10分钟

菜品特点
味道鲜美
防有风味

● 主料：青萝卜300克，墨鱼300克

● 配料：大葱、生姜各少许，料酒15克，盐、植物油各适量

操作步骤

①青萝卜去皮洗净切丝；墨鱼处理干净后切条；大葱切丝；生姜切片。

②锅中烧热植物油，下入姜片爆香，倒入葱丝、青萝卜丝炒1分钟，再倒入墨鱼条炒1分钟，加盐调味。

③向锅中倒入料酒和清水，大火炖煮约2分钟即可。

操作要领

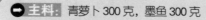

墨鱼也可以提前用开水焯一下。

萝卜粉丝汤

TIME 30 分钟

视觉享受：★★★　味觉享受：★★★　操作难度：★★

菜品特点
口味鲜醇
清淡不腻

主料： 青萝卜 500 克，粉丝 100 克

配料： 猪肋条肉 50 克，鲜汤 750 克，花生油 40 克，大葱 10 克，精盐 5 克，味精、胡椒粉各 3 克

操作步骤

①青萝卜洗净切丝；大葱洗净切碎；粉丝放入锅中烫软；猪肋条肉洗净切丝。

②锅置火上，倒入花生油，烧热后下葱碎爆香，倒入猪肉丝翻炒，然后倒入鲜汤烧煮，煮沸后加入萝卜丝、粉丝同煮。

③待萝卜丝煮熟后，加精盐、味精、胡椒粉调味，再次煮沸即可出锅。

操作要领

猪肉翻炒至变色再倒入鲜汤即可。

主料： 猪肉 300 克，白萝卜 500 克

配料： 酱油、葱末、香菜末、味精、姜片各适量，花椒粒少许

操作步骤

①猪肉洗净，放入冷水中煮沸，撇去浮沫，加入姜片、花椒粒，煮熟后捞出，切薄片；白萝卜去皮切片。

②锅置火上，添入清水，放入白萝卜片、姜片，以中火炖煮，白萝卜八成熟时倒入猪肉片，再煮3 分钟即成。

③取空碗，用酱油、葱末、香菜末、味精拌成蘸料。白萝卜片和猪肉片煮好后蘸着食用。

操作要领

蘸料的材料可以依个人口味选择。

萝卜连锅汤

TIME 30 分钟

视觉享受：★★★　味觉享受：★★★　操作难度：★★

菜品特点
味道香甜

银杏萝卜靓汤

视觉享受: ★★★
味觉享受: ★★★
操作难度: ★★

TIME 30分钟

菜品特点
营养主客

● 主料: 白萝卜300克

● 配料: 银杏、蚕豆、红枣、猪肉各少许，香菇50克，小青菜30克，番茄20克，盐3克，味精2克，红汤适量

操作步骤

①白萝卜去皮，洗净切块；银杏、蚕豆、小青菜、红枣分别洗净；猪肉、香菇、番茄分别洗净切块。

②白萝卜丝放入锅中焯一下，然后捞出控干水分。

③汤罐置火上，倒入红汤，大火煮沸后倒入所有食材，加盐、味精调味，煮熟即成。

操作要领

蚕豆也可以提前用开水焯一下再煮。

陈皮萝卜煮肉圆

TIME 40分钟

菜品特点
汤汁味鲜
滋补开胃

视觉享受 ★★★
味蕾享受 ★★★★
操作难度 ★★

➡ **主料:** 羊肉、白萝卜各适量

➡ **配料:** 陈皮、香菜、姜、盐、鸡精、胡椒粉各适量

 操作步骤

①将羊肉剁成肉馅,加入盐、鸡精搅拌均匀;白萝卜、陈皮均切成丝备用;姜去皮切末;香菜洗净切段。

②坐锅点火倒入水,待水开后放入萝卜丝烫熟,取出放入碗中,汤中加入陈皮、姜末,用手将肉馅挤成丸子入锅,熟后加盐、胡椒粉调味,放入香菜段即可。

操作要领 ◄◄◄

挤丸子时要大小均匀,这样做出来才会更加美观。

29

丝瓜

挑选

选购丝瓜应选择鲜嫩、结实和光亮的，皮色为嫩绿或淡绿色者，果肉顶端比较饱满，无臃肿感。若皮色枯黄或瓜皮干皱、瓜体肿大且局部有斑点和凹陷，则该瓜过熟而不能食用。

性味

性凉，味甘。

营养成分

营养素含量/100克

成分名称	含量	成分名称	含量	成分名称	含量	成分名称	含量
热量（千卡）	20	硫胺素（毫克）	0.02	钙（毫克）	14	蛋白质（克）	1
核黄素（毫克）	0.04	镁（毫克）	11	脂肪（克）	0.2	烟酸（毫克）	0.4
铁（毫克）	0.4	碳水化合物（克）	3.6	维生素C（毫克）	5	锰（毫克）	0.06
膳食纤维（克）	0.6	维生素E（毫克）	0.22	锌（毫克）	0.21	维生素A(微克)	15
胆固醇（毫克）	0	铜（毫克）	0.06	胡萝卜素（微克）	0.3	钾（毫克）	115
磷（毫克）	29	视黄醇当量（微克）	94.3	钠（毫克）	2.6	硒（微克）	0.86

养生功效

①提高免疫力。

②消脂降压：含有较多的维生素C，常食可预防动脉粥样硬化或某些心血管病。

③丰胸：B族维生素含量十分丰富，可促进新陈代谢，有利于雌性激素和孕激素的合成，起到美胸功效。

④解毒：富含维生素C，有助肝脏解毒，清理身体内长期淤积的毒素，增进身体健康，增加免疫细胞的活性，消除体内的有害物质。

⑤治疗淋证：含有丰富的维生素C和胡萝卜素等，有利于控制炎症，有助泌尿道上皮细胞的修复。

⑥通便：B族维生素可促进消化液分泌，维持和促进肠道蠕动，有利于排便。

⑦健脑：B族维生素对神经细胞的发育和维持正常的活动有益。

⑧美容。

适宜人群

丝瓜适宜容易疲倦、在污染环境工作、嗜好抽烟、从事剧烈运动和高强度劳动、长期服药的人食用。对瘀血、紫癜、出血、色素斑、白内障、坏血病等有治疗作用。

食物禁忌

丝瓜不宜与白萝卜同食，会伤元气。

TIME 30分钟

丝瓜猪肉汤

初级学习 ★ ★ ★
烹饪享受 ★ ★ ★ ★
操作难度：★ ★

菜品特点
色泽美丽
汤鲜味美

➡ **主料：** 猪肉50克，丝瓜50克
➡ **配料：** 胡萝卜、木耳各少许，植物油、精盐、姜、葱、水淀粉各适量

操作步骤

①丝瓜去皮洗净，切块；猪肉洗净，然后剁碎，加水淀粉、精盐捏成丸子；胡萝卜洗净斜切片；木耳泡发撕成小片；姜切块；葱洗净切段备用。

②锅置火上，倒植物油烧热，五成热时下入姜块、葱段煸香，加入丝瓜、木耳、胡萝卜略炒。

③添入适量清水，放入肉丸，加精盐调味，以中火熬煮，待肉丸煮熟时拣出姜块、葱段即成。

操作要领

丝瓜易发黑是因为容易被氧化。减少发黑要快切快炒，也可以在削皮后用水淘一下，用盐水过一过或者是用开水焯一下。

视觉享受：★★★ 味蕾享受：★★★★ 操作难度：★★

草菇丝瓜汤

TIME 50分钟

菜品特点

汤汁鲜香
口感爽滑

○ **主料：** 草菇6个，丝瓜1根

○ **配料：** 枸杞少许，植物油、盐、姜、蒜、鸡精、胡椒粉各适量

操作步骤

①草菇洗净切片；丝瓜洗净切片；姜去皮切丝；蒜剥皮，切末；枸杞洗净。

②锅置火上，倒植物油烧热，下蒜末、姜丝爆香，倒入草菇片、丝瓜片翻炒，加盐调味，添入清水烧煮。

③出锅前加枸杞，用鸡精、胡椒粉调味即成。

操作要领

翻炒时如果锅太干，可以适当倒入生抽。

○ **主料：** 蛤蜊、丝瓜各适量

○ **配料：** 红灯笼椒1个，植物油、姜、高汤、盐、料酒各适量

操作步骤

①蛤蜊洗净放进碗中，倒入清水，加盐搅匀浸泡约2小时；丝瓜刮洗干净，沥水，切成滚刀块；红灯笼椒洗净，去籽切片；姜切片。

②锅置火上，倒入清水，加入姜片、料酒和蛤蜊，待蛤蜊开口即可捞出；锅中倒植物油，油热后下入姜片爆香，倒入丝瓜翻炒至断生，盛出。

③锅留底油，倒入高汤、蛤蜊，以大火煮沸；然后换至砂锅，再倒入丝瓜、红灯笼椒，以小火慢炖约5分钟即成。

操作要领

煲汤时，火不要过大，火候以汤沸腾为准，如果让汤汁大滚大沸，会使汤浑浊。

视觉享受：★★★ 味蕾享受：★★★★★ 操作难度：★★★★

蛤蜊丝瓜汤

TIME 30分钟

菜品特点

营养丰富
色养美观

小白菜

挑选

新鲜的小白菜呈绿色，鲜艳而有光泽，无黄叶、无腐烂、无虫蛀现象。在选购时，如发现小白菜的颜色暗淡，无光泽，夹有枯黄叶、腐烂叶并有虫斑，则为劣质小白菜。

 性味 性寒，味甘。

营养成分

营养素含量/100 克

成分名称	含量	成分名称	含量	成分名称	含量	成分名称	含量
可食部 %	81	水分（克）	94.5	能量（千卡）	15	能量（千焦）	63
蛋白质（克）	1.5	脂肪（克）	0.3	碳水化合物（克）	2.7	膳食纤维（克）	1.1
胆固醇（毫克）	0	灰分（克）	1	维生素 A(毫克)	280	胡萝卜素（毫克）	1680
视黄醇（毫克）	0	硫胺素（微克）	0.02	核黄素（毫克）	0.09	尼克酸（毫克）	0.7
维生素 C(毫克)	28	维生素 E(T)（毫克）	0.7	α-E	0.33	δ-E	0.29
（$\beta-\gamma$）-E	0.08	钙（毫克）	90	磷（毫克）	36	钾（毫克）	178
钠（毫克）	73.5	镁（毫克）	18	铁（毫克）	1.9	锌（毫克）	0.51
硒（微克）	1.17	铜（毫克）	0.08	锰（毫克）	0.27	碘（毫克）	10

养生功效

①小白菜有清热除烦、行气祛瘀、消肿散结、通利胃肠等功效。

②小白菜主治肺热、咳嗽、身热、口渴、胸闷、心烦、食少便秘、腹胀等病症。

③根据医书记载，小白菜有"和中，利于大小肠"的作用，能健脾利尿，促进吸收。

适宜人群

小白菜一般人皆可食用。尤其适宜肺热、咳嗽、便秘、丹毒、漆疮、疮疖等患者以及缺钙者食用。

食物禁忌

因小白菜性凉，故脾胃虚寒者不宜多食；小白菜不宜生食。

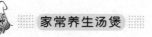

牛蹄筋小白菜

TIME 50 分钟

初始享受 ★★★★
餐后享受 ★★★★
操作难度 ★★

菜品特点
鲜咸味美

主料： 牛蹄筋 300 克，小白菜 200 克

配料： 鸡汤 700 克，猪油 30 克，料酒 40 克，鸡油 10 克，食盐 5 克，鸡精 2 克，胡椒粉少许，葱段、姜片各适量

操作步骤

①牛蹄筋放入冷水锅中煮 2 分钟捞出，洗净后再次下入冷水锅，以旺火煮沸，再转小火焖煮，煮至八成烂时捞出，剔去杂质，切成 5 厘米长的条。

②小白菜择去边叶，留小苞，洗净，放入沸水中焯至断生。

③炒锅中加入猪油，六成热时下入葱段、姜片煸炒，再放入牛蹄筋、料酒、食盐、鸡汤，煮沸后倒入砂锅中，小火煨 30 分钟，转大火调入鸡精、胡椒粉收浓汁，加入小白菜苞，淋入鸡油即成。

操作要领

制作时要注意把握火候，以小火煨，以大火收汁。

黄瓜

挑选

优质黄瓜：鲜嫩带白霜，顶花带刺为最佳，瓜体直，均匀整齐，无折断损伤，皮薄肉厚，清香爽脆，无苦味，无病虫害。

次质黄瓜：瓜身弯曲而粗细不均匀，但无畸形瓜，或是瓜身萎蔫不新鲜。

劣质黄瓜：色泽为黄色或近于黄色，瓜呈畸形，有大肚、尖嘴、蜂腰等，有苦味或肉质发糠，瓜身上有病斑或烂点。

性味

味甘、甜，性凉、苦、无毒。

营养成分

营养素含量/100克

成分名称	含量	成分名称	含量	成分名称	含量	成分名称	含量
热量（千卡）	15	碳水化合物（克）	2.9	胡萝卜素（微克）	90	蛋白质（克）	0.8
纤维素（克）	0.5	维生素A（微克）	15	维生素C(毫克)	9	维生素E(毫克)	0.49
脂肪（克）	0.2	硫胺素（毫克）	0.02	核黄素（毫克）	0.03	烟酸（毫克）	0.2
镁（毫克）	15	钙（毫克）	24	铁（毫克）	0.5	锌（毫克）	0.18

养生功效

①黄瓜具有除热、利水利尿、清热解毒的功效。
②黄瓜可治疗烦渴、咽喉肿痛、烫伤。

食物禁忌

黄瓜、花生搭配，易引起腹泻。脾胃虚弱、腹痛腹泻、肺寒咳嗽者都应少吃，因黄瓜性凉，胃寒患者食之易致腹痛泄泻。

适宜人群

一般人群均可食用。黄瓜适宜热病患者、肥胖、高血压、高血脂、水肿、癌症、嗜酒者多食，并且是糖尿病病人首选的食品之一。

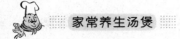

 丸子黄瓜汤

视觉享受：★★★
味觉享受：★★★
操作难度：★★★

TIME 35 分钟

家品特点
汤鲜味醇
营养丰富

● 主料：黄瓜 200 克，猪肉 150 克
● 配料：鸡蛋清、葱、姜、盐、味精、花椒水各适量

 操作步骤

①黄瓜洗净斜切片；葱、姜分别洗净切末。

②猪肉处理干净后剁肉泥，加入鸡蛋清、姜末、葱末、盐、水搅拌均匀，捏成猪肉丸。

③锅中添水，煮沸后倒入肉丸，撇去浮沫，待肉丸煮熟后，加入黄瓜片，加花椒水、盐、味精调味即成。

 操作要领

黄瓜不需煮太久，否则就没有口感了。

TIME 30 分钟

菜品特点
风味独特
味道鲜美

黄瓜煲墨鱼汤

视觉享受：★★★
味觉享受：★★★★
操作难度：★★

主料：黄瓜 1 根，墨鱼 100 克

配料：葱叶、鲜汤、料酒、葱姜汁、碱、盐、味精、香油、鲜枸杞各适量

操作步骤

①黄瓜洗净，切片；墨鱼处理干净，切片，加碱腌一下，然后洗净，沥干水分；葱叶洗净切花。

②锅置火上，倒入鲜汤，下黄瓜片、墨鱼片，烹入料酒，放入葱花、鲜枸杞、葱姜汁、盐、味精煮沸。

③待墨鱼片煮熟，撇去浮沫，滴几滴香油即成。

操作要领

墨鱼不宜直接煲汤，应腌一下。

黄瓜鳝丝汤

TIME 20分钟

视觉享受：★★★★
味觉享受：★★★★
操作难度：★

菜品特点
软嫩色美
汤鲜味浓

 **主料**：鳝鱼50克，黄瓜50克

 **配料**：猪瘦肉20克，鸡蛋1个，水荠粉、姜丝、胡椒粉、精盐、料酒、味精、鲜汤、猪油、芝麻油各适量

操作步骤

①鳝鱼用水冲洗后入沸水中烫熟，将肉切成丝；黄瓜削皮去瓤切成丝；猪瘦肉洗净，切成细丝；鸡蛋磕入碗内调匀，制成蛋皮后切细丝。

②炒锅置火上，下猪油烧热，投入姜丝爆香，倒入鲜汤烧开，速将肉丝下锅，烹入料酒，投入鳝鱼丝、黄瓜丝、蛋皮丝、精盐、胡椒粉、味精等，待汤煮沸后，用水荠粉勾芡起锅，盛入汤碗内，淋入芝麻油即可。

操作要领

可以适当放点醋，味道更加酸甜可口。

油菜

挑选

　　购买时要挑选新鲜、油亮、无虫、无黄叶的嫩油菜，用两指轻轻一招即断者为佳。

性味

性凉，味甘。

营养成分

营养素含量/100克

成分名称	含量	成分名称	含量	成分名称	含量	成分名称	含量
可食部 %	95	水分（克）	96	能量（千卡）	11	能量（千焦）	46
蛋白质（克）	1.3	脂肪（克）	0.2	碳水化合物（克）	1.6	膳食纤维（克）	0.7
胆固醇（毫克）	0	灰分（克）	0.9	维生素 A（毫克）	243	胡萝卜素（毫克）	1460
视黄醇（毫克）	0	硫胺素（微克）	0.01	核黄素（毫克）	0.08	尼克酸（毫克）	0
维生素 C（毫克）	7	维生素 E(T)(毫克）	0.76	$\alpha-E$	0.6	$\delta-E$	0.03
$(\beta-\gamma)-E$	0.13	钙（毫克）	153	磷（毫克）	41	钾（毫克）	157
钠（毫克）	53	镁（毫克）	27	铁（毫克）	3.9	锌（毫克）	0.87
硒（微克）	0	铜（毫克）	0	锰（毫克）	0.13	碘（毫克）	0

养生功效

①油菜含有大量胡萝卜素和维生素 C，有助于增强机体免疫能力。

②油菜能润滑胃部，通郁结之气，利大小便。

③油菜中所含的植物激素，能够增加酶的形成，对进入人体内的致癌物质有吸附排斥作用，故有防癌功能。

适宜人群

　　一般人均可食用，宜与鲜蘑、豆腐、虾仁、鸡肉等搭配。

食物禁忌

　　油菜不宜与黄瓜、胡萝卜、南瓜配食。

视觉享受 ★★★ 味觉享受 ★★★★ 操作难度 ★★★

油菜香菇汤

TIME 30分钟

菜品特点
细嫩美享美味浓郁

主料： 油菜 500 克，香菇 200 克

配料： 鸡精 5 克，葱花、姜末各 5 克，高汤 1000 克，精盐、色拉油各适量

操作步骤

①油菜择洗干净；香菇去蒂，洗净，用开水焯烫一下，切成四半。

②汤锅中加色拉油烧热，下入葱花、姜末略炒，倒入高汤、香菇烧煮；待香菇煮至九成熟时，加入油菜略煮，最后加精盐、鸡精调味即可。

操作要领

油菜在汤水中煮的时间太长，绿色会变暗，应在出锅前几分钟放入较好。

主料： 嫩豆腐 1 块，油菜 100 克

配料： 植物油、盐、淀粉、熟鸡油、葱花、浓缩鸡汁各适量

操作步骤

①将嫩豆腐切成片，油菜洗净。

②锅内烧水，待水开后放入油菜快速烫熟，捞起，摆入碗内。

③另烧锅下植物油，放入葱花炝锅，注入适量浓缩鸡汁和水，加入豆腐，调入盐，用小火烧透，用湿淀粉勾芡，淋入熟鸡油，盛入装有油菜的碗内即可。

操作要领

浓缩鸡汁可以用熬制的高汤替换，更加鲜美。

视觉享受 ★★★ 味觉享受 ★★★★★ 操作难度 ★★

油菜豆腐汤

TIME 20分钟

菜品特点
营养美味

豆芽油菜腰片汤

招牌享受：★★★
味觉享受：★★★★
操作难度：★★★

TIME 50分钟

菜品特点
汤鲜味醇
营养丰富

> **主料**：猪腰150克，豆芽、油菜各50克

> **配料**：酱油15克，熟猪油、料酒各10克，盐、胡椒粉各3克，姜2片，味精2克，鲜汤适量

操作步骤

①豆芽、油菜洗净备用；猪腰去皮切两半，切掉腰臊，然后再切成大薄片，加入姜片、料酒拌匀，倒水浸泡片刻。

②坐锅点火，倒入鲜汤烧开，加入盐、胡椒粉、酱油调味，再次煮沸后倒入腰片（包括泡腰片的汁水），用筷子反复搅动腰片，焯熟后捞出姜片。

③继续烧煮腰片汤，撇去浮沫，直至汤色澄清，然后倒入豆芽、油菜，焯熟后加入味精，淋入熟猪油即成。

操作要领

焯烫绿色的蔬菜时，在沸水中放入盐，能使菜提前入味；加入食用油则能使焯熟的菜叶嫩绿诱人，不易变色。

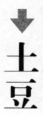

土豆

挑选

土豆分黄肉和白肉两种，黄的较粉，白的较甜。选光滑圆润的，不要畸形；而且颜色均匀，不要有绿色的；勿选长出嫩芽的，因为长芽的地方含有毒素；而肉色变成深灰或有黑斑的，多是冻伤或坏了，均不宜食用。

性味

味甘，性平。

营养成分

营养素含量/100 克

成分名称	含量	成分名称	含量	成分名称	含量	成分名称	含量
硒（微克）	0.78	钠（毫克）	2.7	磷（毫克）	40	钾（毫克）	342
锰（毫克）	0.14	铜（毫克）	0.12	锌（毫克）	0.37	铁（毫克）	0.8
钙（毫克）	8	镁（毫克）	23	胆固醇（毫克）	—	烟酸（毫克）	1.1
核黄素（毫克）	0.04	硫胺素（毫克）	0.08	胡萝卜素（微克）	27	维生素 E（毫克）	0.34
维生素 C（毫克）	27	维生素 A（微克）	5	纤维素（克）	0.7	蛋白质（克）	2
脂肪（克）	0.2	碳水化合物（克）	17.2	热量（千卡）	76		

养生功效

①和胃调中，健脾利湿，宽肠通便。

②降糖降脂，减肥，美容，抗衰老。

③解毒消炎，活血消肿，益气强身。

适宜人群

一般人均可食用。想减肥的人尤其应该吃。

食物禁忌

土豆不宜与雀肉、香蕉同食。孕妇慎食以免增加妊娠风险。

土豆牛肉汤

菜品特点
清淡爽口
别有风味

视觉享受：★★★
欢美享受：★★★★
操作难度：★★

🔴 **主料：** 土豆 100 克，嫩牛肉 150 克

👉 **配料：** 海带少许，葱 10 克，生姜 5 克，花生油 10 克，盐 4 克，鸡精粉 2 克，味精、胡椒粉各 1 克，清汤适量

🥄 操作步骤

①土豆去皮切块；海带洗净切片；嫩牛肉洗净切块；生姜切末；葱切花。

②锅置火上，倒入花生油，油热后下姜末爆香，倒入清汤，下入土豆、海带，以中火煮 10 分钟。

③倒入嫩牛肉，加盐、胡椒粉、味精、鸡精粉调味，煮熟撒葱花即成。

🍲 操作要领

如果想让土豆块脆一些，可先加醋炒一下。

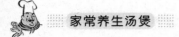

酸菜土豆片汤

TIME：30分钟

观赏等级：★★
味觉享受：★★★★
操作难度：★★★

菜品特点
口味绝佳
营养丰富

● **主料：** 土豆1个，酸菜适量

● **配料：** 麻油、姜各适量

🥢 操作步骤

①酸菜洗净切片；土豆去皮切长片；姜去皮切末。

②锅中添水，下入酸菜片、土豆片、姜末，用大火煮沸后，淋入麻油，转文火煮15分钟即成。

🥄 操作要领

酸菜本身带有盐分，所以无需加盐调味。

豆芽

挑选

①看看豆芽的颜色是否特别白，闻闻有没有一些刺鼻的气味，特别白和有刺激性味道的豆芽建议不要购买。

②顶芽大，须根长而自然，茎体瘦小；根部呈白色或淡褐色，头部显淡黄色，色泽鲜艳；芽身挺直，长短合适，芽脚不软，组织结构脆嫩，无烂根现象者为佳。

③茎和根呈茶色且较萎软，说明发芽的豆质不新鲜，不要购买这种豆芽。

性味

味甘、性凉。

营养成分

营养素含量 /100 克

成分名称	含量	成分名称	含量	成分名称	含量	成分名称	含量
热量（千卡）	125	碳水化合物(克)	2	脂肪（克）	4.2	蛋白质（克）	19.9
纤维素（克）	—	维生素 A(微克)	7	维生素 C(毫克)	—	维生素 E(毫克)	0.65
胡萝卜素(微克)	—	硫胺素（毫克）	0.04	核黄素（毫克）	0.14	烟酸（毫克）	5.6
胆固醇（毫克）	84	镁（毫克）	20	钙（毫克）	23	铁（毫克）	3.3
锌（毫克）	4.73	铜（毫克）	0.18	锰（毫克）	0.04	钾（毫克）	403
磷（毫克）	168	钠（毫克）	84.2	硒（微克）	6.45		

养生功效

①豆芽中含有丰富的维生素 C，可以治疗坏血病。

②绿豆芽中还含有核黄素，口腔溃疡的人很适合食用。

③它还富含膳食纤维，是便秘患者的健康蔬菜，有预防消化道癌症的功效。

④豆芽的热量很低，而水分和纤维素含量很高，常吃豆芽，可以达到减肥的目的。

适宜人群

一般人群均可食用。青少年可多食，孕妇多食对缓解妊娠性高血压和产后便秘有一定效果。

食物禁忌

虚寒尿多者慎内服。

金针菇豆芽汤

视觉享受：★★★
味觉享受：★★★
操作难度：★★★

TIME 40分钟

菜品特点
营养全面
风味独特

● **主料：** 黄豆芽50克，金针菇40克

● **配料：** 蘑菇、冬笋各30克，鱼豆腐、胡萝卜、红尖椒各少许，鲜汤、植物油、盐、醋、葱花各适量

操作步骤

①金针菇洗净撕开；黄豆芽去根，洗净，加入少许醋；蘑菇洗净撕片；胡萝卜洗净切条；冬笋去外皮，洗净切片；红尖椒洗净切圈。

②铁锅置火上，加植物油烧热，将黄豆芽倒入铁锅中爆炒，倒入鲜汤，以大火煮沸，然后放入蘑菇片、冬笋片、胡萝卜条、金针菇、鱼豆腐、红尖椒圈，以小火焖煮。

③出锅前加盐调味，撒葱花即成。

操作要领

豆芽里先放点醋，可以保护豆芽的水分不向外流失，在口感上显得脆嫩。

46

豆芽腰片汤

TIME 60分钟

菜品特点

营养享受 ★★★
健康享受 ★★★★
操作难度：★★★

> **主料：** 猪腰 150 克，豆芽 50 克

> **配料：** 酱油 15 克，熟猪油、料酒各 10 克，盐、胡椒粉各 3 克，姜 2 片，味精 2 克，鲜汤适量，枸杞少许

操作步骤

①豆芽洗净备用；猪腰去皮切两半，将腰臊切掉，然后再切成大薄片，加入姜片、料酒拌匀，倒水浸泡片刻。

②坐锅点火，倒入鲜汤烧开，加入盐、胡椒粉、酱油调味，再次煮沸后倒入腰片（包括泡腰片的水），用筷子反复搅动腰片，焯熟后捞出姜片。

③继续烧煮腰片汤，撇去浮沫，直至汤色澄清，然后倒入豆芽、枸杞，然后加入味精，淋入熟猪油即成。

操作要领

腰片汤的浮沫一定要撇干净，以保证汤汁纯清。

黄豆芽紫菜汤

TIME 15分钟

菜品特点
清淡爽脆

➡ **主料：** 黄豆芽200克，紫菜25克

👆 **配料：** 蒜末、精盐、味精、香油各少许

🔩 操作步骤

①黄豆芽择去根部的豆芽须，然后用清水洗净待用；紫菜放入水中泡发，然后撕成小块。

②锅中放入清水、紫菜和黄豆芽，武火煮沸，改文火焖煮15分钟，下蒜末、精盐、味精、香油搅拌均匀即可。

🏮 操作要领

加热豆芽时一定要注意掌握好时间，没熟透的豆芽往往带点涩味。

香浓·调养
畜肉汤煲

羊肉

挑选

购买羊肉时要求外观完整，瘦肉色泽红润，脂肪为白色或奶油色，表面湿润且富有弹性。如果羊肉肉色暗淡，脂肪缺乏光泽，用手压后凹陷复原慢，且不能完全恢复到原状，则表明羊肉已经不新鲜，不宜选购。

性味

味甘，性温，无毒。

营养成分

营养素含量/100克

成分名称	含量	成分名称	含量	成分名称	含量	成分名称	含量
热量（千卡）	118	碳水化合物（克）	0.2	脂肪（克）	3.9	蛋白质（克）	20.5
纤维素（克）	—	维生素A(微克)	11	维生素C(毫克)	—	维生素E(毫克)	0.31
胡萝卜素(微克)	—	硫胺素（毫克）	0.15	核黄素（毫克）	0.16	烟酸（毫克）	5.2
胆固醇（毫克）	60	镁（毫克）	22	钙（毫克）	9	铁（毫克）	3.9
锌（毫克）	6.06	铜（毫克）	0.12	锰（毫克）	0.03	钾（毫克）	403
磷（毫克）	196	钠（毫克）	69.4	硒（微克）	7.18		

养生功效

①羊肉性温，冬季常吃羊肉，不仅可以增加人体热量，抵御寒冷，而且还能增加消化酶，保护胃壁，修复胃黏膜，帮助脾胃消化，起到抗衰老的作用。

②羊肉营养丰富，对肺结核、气管炎、哮喘、贫血、产后气血两虚、腹部冷痛、体虚畏寒、营养不良、腰膝酸软、阳痿早泄以及一切虚寒病症均有很大裨益；同时还具有补肾壮阳、补虚温中等作用，男士适合经常食用。

适宜人群

一般人群均可食用。适宜体虚畏寒者。

食物禁忌

发热、牙痛、口舌生疮、咳吐黄痰等上火症状者不宜食用；肝病、高血压、急性肠炎或其他感染性疾病及发热期间不宜食用。

羊肉不宜与茶同食：羊肉中含有丰富的蛋白质，而茶叶中含有鞣酸，吃完羊肉后马上饮茶，会产生一种叫鞣酸蛋白质的物质，容易引发便秘。

羊肉萝卜汤

视觉享受：★★★ 味觉享受：★★★★ 操作难度：★★★★

TIME 50 分钟

菜品特点
营养全面
风味独特

⬅ **主料：** 羊肉 400 克，萝卜 300 克

⬅ **配料：** 香菜 10 克，酱油、绍酒、麻油、精盐各少许，色拉油 20 克，生姜丝、葱段若干

🍲 操作步骤

①羊肉洗净切片，用酱油、绍酒浸泡入味；萝卜洗净去皮切块；香菜切段。

②用色拉油将生姜丝、葱段、羊肉炒一下，倒入砂锅中，加入适量清水，加入萝卜块，中火煮 40 分钟，下香菜段，用精盐调味，淋麻油即可。

🌶 操作要领 ◄◄◄

不要过于心急，一定要保证羊肉炖烂、炖熟。

⬅ **主料：** 羊排 100 克

⬅ **配料：** 桂枝 10 克，木耳、红枣、香菜各少许，姜、葱、蒜、料酒、植物油、八角、花椒、酱油、盐、味精各适量

🍲 操作步骤 ◄

①桂枝切段；木耳泡发撕片；姜切块；蒜切片；红枣、香菜分别洗净；葱切段。

②羊排切块，锅中添水，下入葱段、姜块，大火煮沸后倒入羊排，加料酒，待羊肉焯至变色捞出，用凉水冲一下，控干水分备用。

③锅置火上，倒入植物油烧热，八成热时下姜块、蒜片爆香，倒入羊排翻炒，加酱油、盐、味精调味，炒至羊肉全部上色后盛出备用。

④取砂锅，倒入植物油烧热，下姜块爆香，倒入羊肉、清水，以大火煮沸，加桂枝、红枣、木耳、八角、花椒，转小火慢炖 1.5 小时，出锅前撒上少许香菜即可。

🌶 操作要领 ◄◄◄

羊肉第一次翻炒时间不宜过久，炒至变色即出锅。

桂枝羊肉煲

视觉享受：★★★★ 味觉享受：★★★★ 操作难度：★★★

TIME 110 分钟

菜品特点
羊肉香嫩
营养丰富

黑豆花生羊肉汤

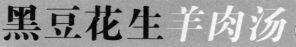

TIME 3小时

营养功效 ★★★★
味觉享受 ★★★★★
操作难度 ★★★

- **主料：** 羊肉350克，黑豆、花生仁各25克
- **配料：** 香油、盐各适量，木耳15克，红枣5颗

操作步骤

①羊肉洗净剁块；红枣去核洗净；黑豆洗净；木耳泡发备用。

②锅中烧水，沸腾后倒入羊肉块，5分钟后捞出。

③煲中倒入适量清水，煮沸后倒入羊肉块、黑豆、花生仁、木耳、红枣，小火煲3小时，最后加入盐、香油即可。

操作要领

放盐时要留心，以免汤太咸。

TIME 40分钟

菜品特点
营养全面
风味独特

养生羊排煲

视觉享受 ★★★
味觉享受 ★★★★
操作难度 ★★★★

主料：羊排适量

配料：丝瓜、冬笋、山药、胡萝卜各适量，红尖椒少许，植物油、葱末、姜片、老抽、八角、花椒水、料酒、盐各若干

操作步骤

①丝瓜、冬笋、山药、胡萝卜分别洗净切块；红尖椒洗净切圈；羊排洗净切块，放入沸水锅中焯一下。

②锅中倒入植物油，油热后下羊排翻炒，加葱末、姜片、老抽、八角、花椒水、料酒。

③锅中添入热水炖煮，待羊排炖至九分熟时加丝瓜、冬笋、山药、胡萝卜，加盐调味，炖熟撒上红尖椒圈即可。

操作要领

未完全烧熟或未炒熟的羊肉不宜食用。

海马羊肉煲

TIME 160分钟

操作难度：★★★

汤品特点
汤汁醇白
营养全面

> **主料：** 羊腿1只，海马20克
>
> **配料：** 红枣、胡萝卜各少许，北芪、姜、盐各适量

操作步骤

①羊腿洗净剁块；红枣、海马洗净备用；胡萝卜去皮，洗净切丁；姜切片。

②羊腿放入沸水中烫去血水，然后用冷水冲洗干净。

③锅中添水，以大火煮沸后倒入羊腿、海马、红枣、胡萝卜、北芪、姜片，加盐调味，然后转小火煲煮约2.5小时即成。

操作要领

此汤讲究小火慢煲。

54

牛肉

挑选

一闻：新鲜肉具有正常的气味，较次的肉有一股氨味或酸味。二摸：一是要摸弹性，新鲜肉有弹性，指压后凹陷立即恢复，次品肉弹性差，指压后的凹陷恢复很慢甚至不能恢复，变质肉无弹性；二是要摸黏度，新鲜肉表面微干或微湿润，不粘手，次新鲜肉外表干燥或粘手，新切面湿润粘手，变质肉严重粘手，外表极干燥，但有些注水严重的肉也完全不粘手，但可见到外表呈水湿样，不紧实。三看：看肉皮有无红点，无红点是好肉，有红点者是坏肉；看肌肉，新鲜肉有光泽，红色均匀，较次的肉，肉色稍暗；看脂肪，新鲜的脂肪洁白或呈淡黄色，次品肉的脂肪缺乏光泽，变质肉的脂肪呈绿色。

性味

性平，味甘。

营养成分

营养素含量 /100 克

成分名称	含量	成分名称	含量	成分名称	含量	成分名称	含量
热量（千卡）	125	碳水化合物(克)	2	脂肪（克）	4.2	蛋白质（克）	19.9
纤维素（克）	—	维生素 A(微克)	7	维生素 C(毫克)	—	维生素 E(毫克)	0.65
胡萝卜素(微克)	—	硫胺素（毫克）	0.04	核黄素（毫克）	0.14	烟酸（毫克）	5.6
胆固醇（毫克）	84	镁（毫克）	20	钙（毫克）	23	铁（毫克）	3.3
锌（毫克）	4.73	铜（毫克）	0.18	锰（毫克）	0.04	钾（毫克）	403
磷（毫克）	168	钠（毫克）	84.2	硒（微克）	6.45		

养生功效

①牛肉具有补脾胃、益气血、强筋骨、消水肿等功效。

②老年人将牛肉与仙人掌同食，可起到抗癌止痛、提高机体免疫功能的效果。

③牛肉加红枣炖服，则有助肌肉生长和促伤口愈合之功效。

适宜人群

一般人都可以吃。适宜生长发育、术后、病后调养、中气下隐、气短体虚、筋骨酸软、贫血久病及黄目眩之人食用。

食物禁忌

患感染性疾病、肝病、肾病的人慎食；黄牛肉为发物，患疮疥湿疹、痘痧、瘙痒者慎用。

不宜食用反复加热或冷藏加温的牛肉食品；内热盛者不宜食用；不宜食用熏、烤、腌制之品；不宜食用未摘除甲状腺的牛肉。

视觉享受：★★★　味觉享受：★★★　操作难度：★★★★

红汤牛肉

TIME 80分钟

菜品特点
味道适口
加而不腻

主料： 牛肉500克

配料： 胡萝卜、洋葱、土豆、芹菜各若干，盐、黄油、料酒、清汤、葱段、姜片、番茄沙司、鸡精、香叶各适量

操作步骤

①牛肉洗净切块，放入锅中焯水，撇去浮沫备用；胡萝卜、土豆洗净切块；洋葱洗净切片；芹菜洗净切段。

②锅置火上，下入黄油，倒入胡萝卜、土豆、洋葱、芹菜、葱段、姜片、香叶和番茄沙司翻炒，炒匀后倒入清汤焖煮。

③八成熟时倒入牛肉，加料酒、盐、鸡精调味，煮熟即可。

操作要领

香叶不宜放太多，否则会盖住牛肉原来的味道。

主料： 牛肉15克，山楂2颗，红枣5颗

配料： 姜片20克，葱段10克，精盐适量

操作步骤

①将牛肉洗净斩块；山楂、红枣洗净，山楂去核。

②锅内加水烧开，放入姜片、牛肉稍煮片刻，除去血沫，待用。

③将处理好的牛肉放入瓦煲内，再加入姜片、葱段煲2个小时，然后加入山楂、红枣继续煲15分钟，调入精盐即成。

操作要领

牛肉一定要切得均匀。

视觉享受：★★★　味觉享受：★★★★　操作难度：★★★★★

山楂红枣煲牛肉

TIME 140分钟

菜品特点
肉质细嫩
味道鲜美

香浓黄豆锅

菜品特点
香浓可口
风味肉酱

视觉享受：★★★★
味觉享受：★★★★★
操作难度：★★★

- **主料：**浸泡好的黄豆 100 克，汆烫好的白菜叶 200 克，牛肉片 80 克，洋葱泥 60 克
- **配料：**葱花 45 克，青辣椒丝、红辣椒丝各 30 克，小鱼干昆布高汤 1000 克，盐、香油各 5 克，拌菜调味酱（虾酱 45 克，蒜末 15 克，辣椒粉 10 克，芝麻盐、胡椒粉、香油各少许），汤调味料适量

操作步骤

①榨汁机内放入泡好的黄豆，放入比黄豆量略少的清水，磨成黏稠的黄豆泥。

②烫好的白菜切成 4 厘米的段，拌菜调味酱调匀，取适量与白菜拌匀。

③陶锅内放入香油，六成热时放入洋葱泥、牛肉片小火翻炒 3 分钟，放小鱼干昆布高汤小火煮滚，加入白菜叶小火烧开，放盐、葱花和剩余的拌菜调味酱，小火烧开放入黄豆泥，烧至汤沸，撒青辣椒丝、红辣椒丝上桌，跟拌好的汤调味料食用。

操作要领

汤调味料由辣椒粉 30 克，酱油、小鱼干昆布高汤各 15 克，蒜末 10 克，芝麻盐、香油各少许调制而成。

视觉享受：★★★　味觉享受：★★★★　操作难度：★★★★

牛肉苏泊汤

TIME 70分钟

菜品特点
肉质鲜嫩
味美营养

主料： 牛肉50克，土豆、西红柿、大头菜各适量

配料： 青椒少许，香叶、八角、盐各适量

操作步骤

①大头菜洗净撕片；西红柿去皮切块；青椒洗净斜切片；土豆去皮切块；牛肉洗净切块。

②将牛肉放入锅中焯去血沫，捞出洗净，再放入净锅中，加水煮30分钟，然后加入土豆块、香叶、八角，煮10分钟。

③最后加入大头菜、西红柿、青椒，再煮20分钟，拣出香叶，加盐调味即成。

操作要领

切牛肉时应逆着肉丝纤维的方向切。

主料： 牛肉400克，白萝卜200克，胡萝卜100克

配料： 姜、盐、米酒、味精、香油、辣椒粉各适量

操作步骤

①牛肉洗净切块；白萝卜洗净切块；胡萝卜洗净切块；姜切片。

②锅中添水，煮沸后下入牛肉焯一遍。

③锅中倒入清水，倒入牛肉块、胡萝卜块、白萝卜块，以小火慢炖。待牛肉炖烂后加入姜片、米酒、盐、味精、香油、辣椒粉稍炖即成。

操作要领

姜有健胃的功效，煲肉汤的时候放姜片一起炖，汤头也香。

视觉享受：★★★　味觉享受：★★★★　操作难度：★★★★

萝卜牛腩汤

TIME 60分钟

菜品特点
香浓可口
味道鲜美

孜然牛肉蔬菜汤

操作难度：★★★

TIME 35分钟

菜品特点

营养全面
风味独特

主料： 牛肉、洋葱、豆角、地瓜、胡萝卜各适量

配料： 孜然、八角、苏叶、辣椒粉、精盐、料酒、酱油各适量

操作步骤

①牛肉洗净切块；洋葱去皮切块；豆角洗净掰断；地瓜去皮，洗净切块；胡萝卜洗净切块。

②锅中添水，下入八角烧煮，煮沸后倒入牛肉、洋葱、豆角、地瓜、胡萝卜，待快煮熟时加孜然、辣椒粉、精盐、料酒、酱油调味，最后倒入碗中

加入苏叶即可。

操作要领

煮牛肉时可以放一块橘皮或一点茶叶，这样牛肉易烂。

棒骨

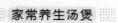

挑选

以猪腿骨为例，是越粗越好，因为骨头粗骨髓就多，做汤味道更好，营养更高。

性味

性温，味甘。

营养成分

营养素含量 /100 克

成分名称	含量	成分名称	含量	成分名称	含量	成分名称	含量
能量（千卡）	264	蛋白质（克）	18.3	脂肪（克）	20.4	碳水化合物（克）	1.7
维生素A(微克)	12	维生素E(微克)	0.11	硫胺素（毫克）	0.8	核黄素（克）	0.15
胆固醇（克）	165	钾（毫克）	274	钠（毫克）	44.5	钙（毫克）	8
镁（毫克）	17	铁（毫克）	0.8	锰（毫克）	0.05	锌（毫克）	1.72
铜（毫克）	0.12	磷（毫克）	125	硒（微克）	10.3	烟酸（毫克）	5.3
叶酸（微克）	4.8						

养生功效

棒骨有补脾气、润肠胃、生津液、丰机体、泽皮肤、补中益气、养血健骨的功效。儿童常喝骨头汤，能及时补充身体所必需的骨胶原等物质，增强骨髓造血功能，有助于骨骼的生长发育；成人喝可延缓衰老。

适宜人群

骨头的营养成分较容易被吸收，所以人人皆可食用，儿童和中老年人尤为适宜。

食物禁忌

感冒发热期间忌食；急性肠道炎感染者忌食。

牛骨汤

TIME 80分钟

菜品特点
味道鲜美

操作难度：★★★

● 主料：牛骨500克

● 配料：洋葱、山药、椰菜、胡萝卜各少许，植物油、精盐、味精、醋、花椒、姜片、葱花、红油各适量

操作步骤

①牛骨斩成大块，洗净，放入沸水锅中焯一下，然后捞出，用冷水洗净备用；胡萝卜去皮，洗净切块；洋葱剥皮，洗净切片；山药去皮，洗净切条；椰菜洗净，撕成小朵。

②净锅添水，放入牛骨、花椒、姜片炖煮，待汤汁浓白黏稠时，调入精盐。

③净锅倒入植物油，烧热后下洋葱翻炒，然后倒入煮好的牛骨汤，大火烧沸后加入胡萝卜、山药、椰菜，待煮熟加精盐、味精、醋调味，撒上葱花，淋入红油即成。

操作要领

牛骨要煮得时间久一点。

61

青菜肉骨煲

向往享受 ★★★
味化享受 ★★★★
操作难度 ★★★

TIME 100分钟

菜品特点

> **主料：** 菜心 300 克，肉骨头 1000 克

> **配料：** 生姜 50 克，料酒、盐、鸡精各适量

操作步骤

①先将肉骨头浸泡 1 小时，去除血水，洗净；菜心择去老叶，切成长段；生姜切片。

②用高压锅烧水至水沸后，放入肉骨头煮，及时去除浮沫，一定要去净，然后加入少量料酒、姜片、盐，中火压 30 分钟。

③将煮好的肉骨头放入砂锅中，加入姜片炖 60 分钟，再放入切好的菜心烧煮片刻，加入适量的盐、鸡精调味即可。

操作要领

肉骨头要剁小一些，这样易入味、易煮熟。

排骨

挑选

排骨，应该挑选肋骨，可切出一块块的小排，一般较新鲜的肉没异味，肉质较鲜嫩、红润。排骨分扁排和圆排两种，就是看排骨的骨头是呈圆形的还是扁形的，扁排会好吃得多。

性味

性甘，味平。

营养成分

营养素含量 /100 克

成分名称	含量	成分名称	含量	成分名称	含量	成分名称	含量
硒（微克）	11.05	钠（毫克）	62.6	磷（毫克）	135	钾（毫克）	230
锰（毫克）	0.02	铜（毫克）	0.17	锌（毫克）	3.36	铁（毫克）	1.4
钙（毫克）	14	镁（毫克）	14	胆固醇（毫克）	146	烟酸（毫克）	4.5
核黄素（毫克）	0.16	硫胺素（毫克）	0.3	胡萝卜素（微克）	—	维生素 E（毫克）	0.11
维生素 C（毫克）	—	维生素 A（微克）	5	纤维素（克）	—	蛋白质（克）	16.7
脂肪（克）	23.1	碳水化合物（克）	—	热量（千卡）	278		

养生功效

猪排骨具有滋阴润燥、益精补血的功效。

适宜人群

适宜于气血不足，阴虚纳差者；湿热痰滞内蕴者慎服；肥胖、血脂较高者不宜多食。

食物禁忌

猪排骨不宜与乌梅、甘草、鲫鱼、虾、鸽肉、田螺、杏仁、驴肉、羊肝、甲鱼、菱角、荞麦、鹌鹑肉、牛肉同食。

视觉享受：★★★★　味觉享受：★★★★★　操作难度：★★★

枸杞山药炖排骨

TIME 60分钟

菜品特点
色泽鲜润
爽滑爽口

➡ **主料:** 排骨600克，胡萝卜300克，山药300克

👉 **配料:** 枸杞5克，大蒜、酱油、酒、醋、白糖、盐、植物油、胡椒粉、八角各适量

🥢 操作步骤

①将排骨洗净，剁成条状，焯烫后除去血水；山药去皮洗净切滚刀块；胡萝卜洗净切滚刀块；枸杞洗净备用；大蒜洗净切末。

②砂锅置火上，倒植物油烧热，下入蒜末，放入排骨，加入酱油、醋、酒、白糖、胡椒粉、盐、八角，倒入适量清水烧开，再煮20分钟。

③加入山药、胡萝卜、枸杞同煮，待其入味并熟软即可。

🫕 操作要领 ◀◀◀

排骨预先焯水可去除腥气，并能防止烧菜时汤色混浊。

➡ **主料:** 咸酸菜1包，排骨450克，凉瓜2根

👉 **配料:** 鱼露、植物油各适量

🥢 操作步骤 ◀

①排骨洗净；酸菜洗净，切丝；凉瓜去瓤，切条。

②锅中添水，煮沸后倒入排骨焯一下，然后用凉水冲干净备用。

③净锅置火上，倒入植物油烧热，下凉瓜翻炒，再加入咸酸菜丝、排骨略炒；添入清水，以大火煮沸，再等5分钟转中火焖煮，煮熟后加些鱼露调味即成。

🫕 操作要领 ◀◀◀

添入清水的量，以浸过所有食材为准。

视觉享受：★★★★　味觉享受：★★★★★　操作难度：★★★★

凉瓜咸菜排骨汤

TIME 60分钟

菜品特点
口味鲜咸
汤清宜人

酸菜排骨汤

TIME 60分钟

菜品特点

排骨鲜香
酸菜爽口

 主料：排骨1000克，东北酸菜适量

 配料：粉丝、泡椒各少许，葱段、姜块各15克，花椒、八角各10克，盐、味精、胡椒粉、鸡精、白醋各适量

操作步骤

①将排骨剁成寸段，用凉水泡30分钟，再焯一遍，待用；东北酸菜切丝，用清水洗3遍，挤干水分待用。

②锅里下入清水，将排骨及所有配料下入锅内炖

20分钟，下入酸菜再煮20分钟即可。

操作要领

注意东北酸菜一定要洗净，否则会有怪味。

视觉享受 ★★★　味觉享受 ★★★　操作难度 ★★★

玉米排骨汤

TIME 180分钟

菜品特点

美观大方
营养丰富

➡️ **主料:** 玉米3根, 新鲜排骨500克

🔄 **配料:** 胡萝卜、盐、姜各适量

操作步骤

①将排骨洗净, 剁成小段; 玉米洗净, 切段; 胡萝卜洗净切块; 姜切片。

②先把排骨、姜片放在锅里熬1.5小时, 然后再将玉米、胡萝卜放入, 接着熬1小时, 最后放盐调味即可。

操作要领

煮排骨时要凉水下锅。

➡️ **主料:** 排骨、带汤辣白菜各适量

🔄 **配料:** 土豆、平菇各若干, 香菜少许, 盐、葱段、姜片、八角各适量

操作步骤

①排骨洗净切块; 辣白菜捞出, 切成小块, 留汤备用; 香菜洗净; 土豆去皮, 洗净切滚刀块; 平菇洗净。

②锅置火上, 倒入清水, 加入排骨、姜片同煮; 煮沸后撇去浮沫, 捞出排骨。

③锅中倒水, 加入姜片、葱段、八角, 以中火煮15分钟, 然后倒入辣白菜汤汁, 放入排骨同煮, 加盐调味。

④15分钟后倒入土豆和平菇; 煮熟后再倒入辣白菜略煮, 出锅前拣出八角、姜片, 撒香菜即可。

操作要领

煮排骨时应凉水下锅, 这样可以煮出排骨中的血水。

视觉享受 ★★★　味觉享受 ★★★　操作难度 ★★★★

辣白菜排骨汤

TIME 40分钟

菜品特点

香气扑鼻
诱人之鲜美

西施排骨汤

菜品特点
汤汁香浓
荤素搭配

营养价值 ★★★★
滋补功效 ★★★★
操作难度 ★★★

➡ **主料：** 猪排骨 400 克

🥄 **配料：** 乌枣 20 克，山药 50 克，油菜 10 克，盐 3 克

🔄 操作步骤

①猪排骨处理干净，剁块；山药去皮，洗净切块；乌枣洗净；油菜洗净撕开。

②锅中添水，煮沸后倒入猪排骨，高火煮 3 分钟，然后捞出备用。

③净锅添水，以高火煮沸，倒入猪排骨、乌枣、山药、油菜，以中火煮 40 分钟，加盐调味即成。

🔄 操作要领

油菜也可在排骨快熟时加入。

67

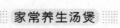

视觉享受 ★★★ 味觉享受 ★★★★ 操作难度 ★★★★

黄豆排骨汤

TIME 60分钟

菜品特点
汤香味浓
清爽适口

主料： 排骨500克，黄豆100克

配料： 芥菜根少许，姜、葱、盐各适量

操作步骤

①黄豆洗净，放入凉水中浸泡约1小时；芥菜根洗净切片；姜切片；葱切段。

②排骨洗净剁成小块，放入沸水中焯一下。

③锅中倒入清水，大火煮沸，倒入排骨、姜片、葱段、黄豆、芥菜根，继续煮20分钟，然后转小火煮30分钟，加盐调味即可。

操作要领

熬汤的过程中要去掉浮沫，不然熬出来的汤容易发黑，品相很差。

主料： 猪排骨500克，茶树菇300克

配料： 山药100克，枸杞5粒，味精、盐、香油各适量

操作步骤

①茶树菇洗净；猪排骨洗净切块；山药去皮切块。

②将猪排骨放入锅中，加适量清水煮沸，去浮沫，下茶树菇、山药、枸杞，煮至猪排骨、茶树菇、山药熟后，下盐、味精，再煮至微沸，最后淋上香油即成。

操作要领

排骨最好选用肋排。

视觉享受 ★★★ 味觉享受 ★★★★ 操作难度 ★★★

茶树菇排骨汤

TIME 60分钟

菜品特点
鲜香味美

芋头排骨汤

TIME 60分钟

菜品特点
营养主富
开胃品血

操作难度 ★★

● **主料：** 排骨 300 克，芋头 200 克

● **配料：** 宽粉皮适量，葱、姜各 20 克，鸡精 8 克，米酒 5 克，盐、胡椒粉各 3 克，香菜梗末 5 克

🥄 操作步骤

①将排骨洗净，斩成段；芋头去皮，洗净切块；葱洗净切段；姜切片。

②锅中添水，煮沸后倒入米酒，下排骨焯一下。

③净锅添水，加入葱段、姜片、排骨，炖至七成熟时倒入芋头和宽粉皮，炖烂后加盐、鸡精、胡椒粉调味，撒上香菜梗末即可。

🍲 操作要领

芋头可以选用大芋头，也可以选用小芋头。

69

猪肉

挑选

买猪肉时，根据肉的颜色、气味等可以判断出肉的质量是好还是坏。优质的猪肉，脂肪白而硬，且带有香味，肉的表层往往有一层略显干燥的膜，肉质紧密，富有弹性，手指压后凹陷处立即复原。

性味

味甘、咸，性平。

营养成分

营养素含量 /100 克

成分名称	含量	成分名称	含量	成分名称	含量	成分名称	含量
热量（千卡）	395	碳水化合物（克）	2.4	脂肪（克）	37	蛋白质（克）	13.2
纤维素（克）	—	维生素 A(微克)	18	维生素 C(毫克)	—	维生素 E(毫克)	0.35
胡萝卜素（微克）	—	硫胺素（毫克）	0.22	核黄素（毫克）	0.16	烟酸（毫克）	3.5
胆固醇（毫克）	80	镁（毫克）	16	钙（毫克）	6	铁（毫克）	1.6
锌（毫克）	2.06	铜（毫克）	0.06	锰（毫克）	0.03	钾（毫克）	204
磷（毫克）	162	钠（毫克）	59.4	硒（微克）	11.97		

养生功效

猪肉能补肾养血、滋阴润燥。主治热病伤津、消渴羸瘦、肾虚体弱、产后血虚、燥咳、便秘等症，能滋肝阴、润肌肤、利二便和止消渴。

适宜人群

适宜阴虚、头晕、贫血、大便秘结、营养不良之人，燥咳无痰的老人，产后乳汁缺乏的妇女及青少年、儿童食用。

食物禁忌

体胖、多痰、舌苔厚腻者慎食；患有冠心病、高血压、高血脂者忌食肥肉；凡有风邪偏盛之人忌食猪头肉。

薏米百合瘦肉汤

TIME 160 分钟

菜品特点
清爽甜和
味道鲜美

初吮享受 ★★★
味即享受 ★★★★
操作难度：★★

➡ **主料：** 猪瘦肉、薏米、百合、莲子各适量

➡ **配料：** 胡萝卜少许，盐适量

🍲 操作步骤

①薏米、百合、莲子分别洗净；猪瘦肉洗净切成小块；胡萝卜洗净切成小块。

②将薏米、百合、莲子倒入温水中浸泡 30 分钟；锅中添水，煮沸后放入猪瘦肉焯水 1 分钟，然后捞出备用。

③锅中添水，煮沸后倒入全部食材，以大火煮沸，再转小火煮 2 小时，出锅前加盐调味即成。

🍲 操作要领

猪瘦肉须先焯一下，以除去血沫。

鲜美猪腰汤

TIME 130 分钟

菜品特点
汤汁鲜美
味道独特

喷吃享受 ★★★★★
味美享受 ★★★★★
操作难度 ★★★

➡ **主料：**猪腰 1 对

➡ **配料：**火腿肠 2 根，杜仲、核桃肉各 50 克，姜、盐各适量

操作步骤

①猪腰剔除筋膜，洗净切条；火腿肠去皮切条；姜切丝。

②猪腰放入锅中焯一下，撇去浮沫。

③锅置火上，添入清水，以武火煮沸后，倒入猪腰、火腿肠、杜仲、核桃肉，转文火煲 2 小时，最后加盐搅匀即成。

操作要领

盐最后再放，以防盐里的碘提早挥发，而影响汤汁味道。

猪肝

挑选

①看外表：颜色紫红均匀、表面有光泽的是正常的猪肝。
②用手触摸：有弹性，无水肿、脓肿、硬块的是正常的猪肝。

性味

味甘、苦，性温。

营养成分

营养素含量/100克

成分名称	含量	成分名称	含量	成分名称	含量	成分名称	含量
热量（千卡）	129	硫胺素（毫克）	0.21	钙（毫克）	6	蛋白质（克）	19.3
核黄素（毫克）	2.08	镁（毫克）	24	脂肪（克）	3.5	烟酸（毫克）	15
铁（毫克）	22.6	碳水化合物（克）	5	维生素C(毫克）	20	锰（毫克）	0.26
膳食纤维（克）	0	维生素E（毫克）	0.86	锌（毫克）	5.78	维生素A（微克）	4972
胆固醇（毫克）	288	铜（毫克）	0.65	胡萝卜素（微克）	1.5	钾（毫克）	235
磷（毫克）	310	视黄醇当量（微克）	70.7	钠（毫克）	68.6	硒（微克）	19.21

养生功效

①有补肝、明目、养血的功效。
②用于血虚萎黄、夜盲、目赤、浮肿、脚气等症。

适宜人群

适宜气血虚弱、面色萎黄、缺铁者食用，对于经常在电脑前工作的人尤为适合，也适宜癌症患者放疗、化疗后食用。

食物禁忌

因为肝中胆固醇含量高，所以患有高血压、肥胖症、冠心病及高血脂的人忌食猪肝。猪肝忌与野鸡肉、麻雀肉和鱼肉一同食用。

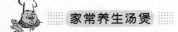

猪肝汤

TIME 75分钟

菜品特点
清香爽口
色泽鲜亮

招牌字受：★★★
味觉享受：★★★★★
操作难度：★★★★

➡ **主料：** 猪肝150克

🔄 **配料：** 高汤1000克，红枣5颗，党参、精盐、豆粉各适量，香油少许，生姜1块

🍳 操作步骤

①将猪肝洗净后切片，锅内加水烧开，放猪肝焯烫去血污，捞出，用豆粉调匀；生姜洗净，去皮，切末待用；红枣洗净。

②汤锅置火上，加入高汤，以旺火煮沸，然后放入猪肝、生姜末、党参、红枣焖煮，煮沸后再改用中火继续煲约1小时，加精盐、香油调味即可。

🥄 操作要领

猪肝切片不可太薄，否则易碎。

菠菜猪肝汤

观赏乐趣 ★★★
保健享受 ★★★★★
操作难度 ★★★★

TIME 50分钟

菜品特点
味醇适口
香嫩爽滑

● 主料：猪肝100克，菠菜180克

● 配料：枸杞3粒，花生油15克，生姜10克，盐5克，味精2克，白糖1克，胡椒粉、湿生粉各少许，清汤适量

操作步骤

①猪肝切薄片，加湿生粉腌好；菠菜洗净备用；生姜去皮切丝。

②烧锅下花生油，待油热时，放入姜丝爆香，注入清汤，用中火烧开，下入猪肝。

③待猪肝熟透时，投入菠菜、枸杞，调入盐、味精、白糖、胡椒粉，用大火滚30分钟即可。

操作要领

猪肝易老，在滚烫前用湿生粉腌一下，能确保猪肝滑嫩。

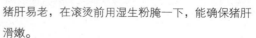

75

猪蹄

挑选

质地好的猪蹄肉色泽红润，肉质透明，质地紧密，富有弹性，用手轻轻按压一下能够很快复原，并有一种特殊的猪肉鲜味。

性味

性平，味甘、咸。

营养成分

营养素含量/100 克

成分名称	含量	成分名称	含量	成分名称	含量	成分名称	含量
可食部（%）	60	水分（克）	58.2	能量（千卡）	260	蛋白质（克）	22.6
脂肪（克）	18.8	碳水化合物（克）	—	胆固醇（毫克）	192	灰分（克）	0.4
维生素 A(微克)	3	胡萝卜素（微克）	—	视黄醇（微克）	3	硫胺素（毫克）	0.05
核黄素（毫克）	0.1	尼克酸（毫克）	1.5	维生素 C(毫克)	—	维生素 E(毫克)	0.01
钙（毫克）	33	磷（毫克）	33	钾（毫克）	54	钠（毫克）	101
镁（毫克）	5	铁（毫克）	1.1	锌（毫克）	1.14	硒（微克）	5.85
铜（毫克）	0.09	锰（毫克）	0.01	酒精（毫升）	—		

养生功效

和血脉，润肌肤，填肾精，健腰脚。

适宜人群

一般人群均可食用，尤其适宜血虚者、年老体弱者、产后缺奶者、腰脚软弱无力者、痈疽疮毒久溃不敛者食用。

食物禁忌

肝炎、胆囊炎、胆结石、动脉硬化、高血压患者应少食或不食；凡外感发热和热症、湿症期间不宜多食；胃肠消化功能较弱的老年人、儿童每次不可食之过多。

豌豆煲猪蹄

TIME 60分钟

菜品特点
香软爽口

视觉享受 ★★★★
味觉享受 ★★★★★
操作难度 ★★★

主料: 猪蹄适量,豌豆少许

配料: 枸杞少许,姜、蒜、料酒、植物油、精盐、蚝油各适量

🔄 操作步骤

①豌豆提前放入水中浸泡2小时,然后捞出控干水分;姜切片;蒜剥皮拍碎。

②锅中添水,加入姜片、料酒和洗净的猪蹄,以大火煮沸后捞出猪蹄,用冷水冲洗干净备用。

③锅置火上,倒入植物油烧热,下蒜爆香,倒入豌豆翻炒,再倒入猪蹄翻炒,加精盐、蚝油炒匀。

④将所有材料倒入压力锅,添入清水,煲40分钟即成。

🔥 操作要领

煲至猪蹄酥烂脱骨为宜。

77

猪蹄山药汤

TIME 80分钟

菜品特点
油而不腻
口感滑爽

主料： 猪蹄1个，山药适量
配料： 红枣、枸杞各少许，色拉油、葱、姜、盐、味精、鸡汁、高汤、四特酒各适量

操作步骤

①猪蹄除净毛，剁成两半，改刀成小块；山药去皮，切成滚刀块；红枣洗净；葱切段；姜切块。
②锅中添水，煮沸后下猪蹄焯水1分钟。净锅置火上，倒色拉油烧热，五成热时下入葱姜爆香，倒入猪蹄、高汤、四特酒，以大火烧沸，然后移至砂锅，以小火煲至七成熟时，加入山药。
③猪蹄煲至九成熟时，加枸杞、红枣、盐、味精、鸡汁，猪蹄软烂后，出锅拣去葱段、姜块即可。

操作要领

洗净猪蹄，用开水煮到皮发涨，然后取出，用指甲钳将毛拔除，既省力又省时。

主料： 淡菜30克，笋干50克，猪蹄2个
配料： 黄豆、葱花、生姜末、黄酒、精盐、味精、五香粉、香油各适量

操作步骤

①淡菜洗净，放入开水中浸泡片刻，涨发后捞出；笋干放入温水中泡发，然后切成薄片备用。
②猪蹄放入开水中焯透，捞出后去毛。
③锅中倒入适量清水，放入猪蹄，沸腾后撇去浮沫，烹入黄酒，再倒入淡菜、笋干片、黄豆、葱花、生姜末，以小火煨煲约1.5小时，猪蹄熟烂后加入香油、精盐、味精、五香粉调味即可。

操作要领

煮猪蹄的时间不要过长或过短，过长猪皮的原蛋白溶于水中过多，皮质不爽口；时间过短，其皮老韧。

淡菜煲猪蹄

TIME 90分钟

菜品特点
烈烂爽口
酥烂细嫩

黄豆炖猪蹄

TIME 80 分钟

🔴 **主料：** 黄豆 120 克，猪蹄 500 克

🔴 **配料：** 精盐少许，炖肉老抽、红糖、料酒、八角、桂皮各适量

🌿 操作步骤

①黄豆洗净；猪蹄洗净，斩块。

②锅置火上，加适量清水，放入黄豆、猪蹄、炖肉老抽、红糖、料酒、八角、桂皮，用小火炖至烂熟，拣出八角、桂皮，加精盐少许调味即可。

⚡ 操作要领

可加入一些醋调整口感。

视觉享受：★★★★★ 味觉享受：★★★★★ 操作难度：★★★

酒香肉骨头

TIME 30 分钟

菜品特点
色泽光鲜
口感柔软

主料： 猪蹄 1 个，排骨少许

配料： 葱花、八角、姜片、桂皮、小茴香、料酒、酱油、白糖、盐各适量

操作步骤

①猪蹄洗净剁成小块；排骨洗净。

②锅中添水，下姜片煮沸，放入猪蹄、排骨烫一下，然后捞出放入电压力锅中，添入清水，加八角、姜片、桂皮、小茴香、料酒、酱油、白糖、盐，炖 15 分钟，关火后盛出，撒上葱花即成。

操作要领

猪蹄和排骨宜多炖一会儿，以猪蹄炖烂为准。

主料： 猪蹄 500 克

配料： 青豆 50 克，姜 5 片，料酒 10 克，花生油少许，盐、白胡椒各适量

操作步骤

①猪蹄用水煮开，去毛洗净；青豆泡发备用。

②砂锅内加入清水，烧开后，加入猪蹄、青豆、姜片、白胡椒、料酒和花生油，盖上锅盖，改文火煮 1 小时，直至闻到香味。猪蹄煮烂时，加盐调味即可出锅。

操作要领

注意掌握火候。

视觉享受：★★★ 味觉享受：★★★★ 操作难度：★★★

白胡椒猪蹄汤

TIME 70 分钟

菜品特点
味道鲜美

猪肚

挑选

新鲜的猪肚富有弹性和光泽，白色中略带浅黄色，黏液多，质地坚而厚实；不新鲜的猪肚白中带青，无弹性和光泽，黏液少，肉质松软，如将猪肚翻开，内部有坚硬的小疙瘩，不宜选购。

性味

味甘，性微温。

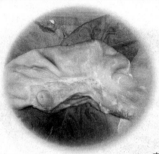

营养成分

营养素含量/100克

成分名称	含量	成分名称	含量	成分名称	含量	成分名称	含量
可食部（%）	96	水分（克）	78.2	能量（千卡）	110	蛋白质（克）	15.2
脂肪（克）	5.1	碳水化合物（克）	0.7	不溶性纤维（克）	—	胆固醇（毫克）	165
灰分（克）	0.8	维生素A（微克）	3	胡萝卜素（微克）	—	视黄醇（微克）	3
硫胺素（毫克）	0.07	核黄素（毫克）	0.16	尼克酸（毫克）	3.7	维生素C（毫克）	—
维生素E（毫克）	0.32	钙（毫克）	11	磷（毫克）	124	钾（毫克）	171
钠（毫克）	75.1	镁（毫克）	12	铁（毫克）	2.4	锌（毫克）	1.92
硒（微克）	12.76	铜（毫克）	0.1	锰（毫克）	0.12		

养生功效

猪肚含有蛋白质、脂肪、碳水化合物、维生素及钙、磷、铁等，具有补虚损、健脾胃的功效，适于气血虚损、身体瘦弱者食用。

适宜人群

适宜虚劳瘦弱者食用；适宜脾胃虚弱、食欲不振、泄泻、下痢者食用；适宜中气不足、气虚下陷、男子遗精、女子带下者食用；适宜体虚之人和小便频多者食用；适宜小儿疳积者食用。

食物禁忌

湿热痰滞内蕴者慎食；感冒期间忌食。

视觉享受：★★★★★　味觉享受：★★★★★　操作难度：★★

黄花煲猪肚

TIME 35 分钟

菜品特点
汤汁浓清
清香爽口

主料： 猪肚 100 克，黄花菜 200 克
配料： 香菇、香菜各少许，植物油、盐、老酒、白糖各适量

操作步骤

①猪肚洗净切条；香菇、黄花菜分别泡发备用；香菜洗净。
②锅中添水，煮沸后下入猪肚焯一下。锅置火上，烧热后倒植物油，油热后倒入猪肚、香菇，加盐、老酒、白糖调味，炒匀后转至高压锅，添入清水、黄花菜，盖锅盖焖煮，熟后放香菜即可。

操作要领

黄花菜宜选用晒干的干菜。

主料： 猪肚 100 克，潮汕咸菜 50 克
配料： 红椒、青椒各少许，植物油、白胡椒各适量

操作步骤

①猪肚放入锅中焯一下，撇去浮沫，捞出洗净；红椒、青椒洗净切片；潮汕咸菜切丝。
②猪肚中塞入压碎的白胡椒，放入锅中焖煮，然后捞出切片。
③锅置火上，倒植物油烧热，下红椒、青椒翻炒，炒至变软后倒入煮猪肚的汤，以大火煮沸，加入猪肚、潮汕咸菜，煮熟即成。

操作要领

焖煮猪肚不宜煮得太烂，以能插入筷子为宜。

视觉享受：★★★★　味觉享受：★★★★　操作进度：★★★

潮汕煮猪肚

TIME 40 分钟

菜品特点
软而鲜嫩
香辣爽口

酸菜炖猪肚

视觉享受：★★★
味觉享受：★★★★
操作难度：★★★

菜品特点
猪肚肥嫩

● **主料：** 猪肚 100 克，酸菜 50 克

● **配料：** 红灯笼椒 1 个，香菜 1 根，姜片、植物油、料酒、精盐、味精、胡椒粉各适量

🥢 操作步骤

①猪肚处理干净后切块；酸菜洗净，沥干水分切丝备用；红灯笼椒洗净备用；香菜洗净切段备用。

②锅置火上，倒入植物油，烧至五成热时下姜片爆香，烹入料酒，添入清水煮沸，然后拣出姜片，把汤汁移至汤锅，倒入猪肚，煮沸后撇去浮沫。

③猪肚煮至八成熟时，加入酸菜、红灯笼椒，以中火炖煮，最后加入精盐、味精、胡椒粉略煮，撒上香菜即成。

🍲 操作要领

猪肚一定要处理干净。

 鸡骨草猪肚汤

TIME 30分钟

观赏享乐 ★★★★
家常享乐 ★★★★
操作难度：★★★

菜品特点
清纯甘美
嫩香爽口

主料： 猪肚 100 克，鸡骨草 50 克

配料： 姜块、精盐各适量

操作步骤

①鸡骨草洗净后，剪成小段，放入清水中浸泡 2 小时。

②猪肚加大量盐反复搓抓，搓抓之后用水冲洗，翻另一面同样放大量精盐搓抓，反复搓抓 2 次，再次冲洗干净。锅里放适量水、姜块，将洗干净的猪肚焯一下，捞起，将猪肚上的白色物质用刀刮掉，冲洗干净，切条。

③汤锅置火上，倒入姜块、猪肚焖煮，猪肚煮至七成熟时，加入鸡骨草，出锅前加盐拌匀即成。

操作要领

鸡骨草需要多清洗几次，以确保无砂砾。

肥肠

挑选

　　颜色有光泽、表面润滑的大肠比较好；大肠本身的肉厚程度，要均匀适中，不是很透明的比较好。

　　外侧白色的油膜数量太多或太少都不好。

性味

　　性寒，味甘。

营养成分

营养素含量 /100 克

成分名称	含量	成分名称	含量	成分名称	含量	成分名称	含量
热量（千卡）	196	碳水化合物（克）	—	脂肪（克）	18.7	蛋白质（克）	6.9
纤维素（克）	—	维生素 A(微克)	7	维生素 C(毫克)	—	维生素 E(毫克)	0.5
胡萝卜素(微克)	—	硫胺素（毫克）	0.06	核黄素（毫克）	0.11	烟酸（毫克）	1.9
胆固醇（毫克）	137	镁（毫克）	8	钙（毫克）	10	铁（毫克）	1
锌（毫克）	0.98	铜（毫克）	0.06	锰（毫克）	0.07	钾（毫克）	44
磷（毫克）	56	钠（毫克）	116.3	硒（微克）	16.95		

养生功效

肥肠有润肠治燥，去下焦风热的功效，对痔疮、便血、脱肛、小便数频患者有较好的食疗作用。

适宜人群

　　一般人群均可食用。

食物禁忌

　　感冒期间忌食，脾虚便溏者忌食。

 肥肠白菜辣汤

视觉享受：★★★
味觉享受：★★★★★
操作难度：★★★★

菜品特点
柔软可口

● **主料**：肥肠200克，白菜100克

● **配料**：青蒜50克，精盐、味精、胡椒粉、料酒、酱油、辣椒酱、植物油、姜、蒜各适量

🍲 操作步骤

①青蒜洗净切段；白菜洗净切片；姜切末；蒜切末；肥肠反复搓洗干净后放入锅中煮熟，然后捞出洗净切块。

②锅置火上，倒植物油烧热，下姜末、蒜末、辣椒酱爆香，烹入料酒、酱油，然后添入开水。

③待煮沸后倒入肥肠、白菜、青蒜、精盐、味精、胡椒粉，煮熟即成。

🍲 操作要领

肥肠很难洗，必须用盐反复搓洗，直到肥肠上没有黏液即可。

家常 养生汤煲

鲜美·滋补
海鲜汤煲

鲫鱼

挑选

①挑选鲫鱼要区分鱼的雌雄。雄鲫鱼的体形修长，而雌鲫鱼则圆一些；也可以通过挤鲫鱼的肛门处来判断雌雄，流出鱼籽的是雌鱼，流白色乳液的是雄鱼。

②挑选鲫鱼要看鱼的鳍条。雌鱼的胸鳍末端是圆钝形的，而雄鱼却是尖状的。

③挑选鲫鱼要看鱼的大小。同一产地的同龄雌鱼总是比雄鱼大些。

性味

味甘，性平。

营养成分

营养素含量/100克

成分名称	含量	成分名称	含量	成分名称	含量	成分名称	含量
热量（千卡）	10	蛋白质（克）	17.1	脂肪（克）	2.7	碳水化合物（克）	3.8
胆固醇（毫克）	130	维生素A(微克)	17	硫胺素（毫克）	0.04	核黄素（毫克）	0.09
尼克酸（毫克）	2.5	维生素E(毫克)	0.68	钙（毫克）	79	磷（毫克）	193
钾（毫克）	29	钠（毫克）	41.2	镁（毫克）	41	铁（毫克）	1.3
锌（毫克）	1.94	硒（微克）	14.31	铜（毫克）	0.08	锰（毫克）	0.06

养生功效

①鲫鱼有健脾利湿、和中开胃、活血通络、温中下气之功效，对脾胃虚弱、水肿、溃疡、气管炎、哮喘、糖尿病等病症有很好的滋补食疗作用。

②民间常给产后妇女炖食鲫鱼汤，既可以补虚，又有通乳催奶的作用。

适宜人群

一般人群均可食用。

食物禁忌

鲫鱼不宜和大蒜、砂糖、芥菜、沙参、蜂蜜、猪肝、鸡肉、野鸡肉、鹿肉以及中药麦冬、厚朴一同食用；吃鱼前后忌喝茶，感冒发热期间不宜多吃。

视觉享受：★★★★　味觉享受：★★★★★　操作难度：★★★★

鲫鱼豆腐汤

TIME 50分钟

菜品特点
味道咸鲜
美味可口

> **主料：** 鲫鱼1条，豆腐适量
> **配料：** 香菜、红椒、大葱、姜、植物油、豆油、料酒、味精、精盐、黄酒各适量

操作步骤

①鲫鱼去鳞、鳃、内脏，洗净，在鱼身两面各划数刀；豆腐切块；香菜洗净；姜切细丝；大葱切段；红椒切片。

②炒锅中倒入植物油烧热，顺着锅边放进鲫鱼煎至两面呈黄色。

③砂锅置于火上，倒适量清水，倒入葱段、姜丝、豆腐、鲫鱼、红椒，加料酒、味精、精盐、黄酒调味；盖上锅盖，用小火煮至水开后再煮10分钟，拣出葱段，滴几滴豆油，最后点缀香菜即可。

操作要领

煎鱼时倒一些黄酒，即能除去鱼的腥味，又使鱼滋味鲜美。

> **主料：** 鲫鱼400克，黄豆芽200克
> **配料：** 芹菜、香菜各少许，植物油、鲜汤、姜各适量

操作步骤

①鲫鱼处理干净后在鱼身两侧斜切十字花刀；黄豆芽洗净备用；芹菜洗净切小段；香菜洗净切碎；姜切片。

②锅中倒入清水，大火煮沸后放入鲫鱼焯一下，捞出备用。

③锅中倒植物油，油热后下姜片爆香，倒入鲜汤，煮沸后加入鲫鱼、黄豆芽、芹菜，慢火炖15分钟，最后撒上香菜即成。

操作要领

洗净鲫鱼时，注意把鲫鱼腹膛内的黑膜也清洗干净。

视觉享受：★★★　味觉享受：★★★★　操作难度：★★★★

黄豆芽炖鲫鱼

TIME 50分钟

菜品特点
肉质滑嫩
色泽美观

 番茄柠檬炖鲫鱼

视觉享受：★★★
味觉享受：★★★★
操作难度：★★★

TIME 40分钟

菜品特点
清淡爽口
香甜诱人

➡ **主料：** 鲫鱼400克，番茄、柠檬片各适量
➡ **配料：** 油菜、精盐、胡椒粉、植物油、料酒各适量

操作步骤

①鲫鱼处理干净，斩段，加盐、柠檬片腌渍片刻；番茄切块备用；油菜洗净。

②锅置火上，倒植物油烧热，下入鲫鱼段煎至两面上色，然后添入热水，煮沸后撇去浮沫，加入番茄、柠檬片、油菜，以大火煮约6分钟，最后加精盐、料酒、胡椒粉调味即成。

操作要领

处理鲫鱼，可以先把鱼放入牛奶中泡一会儿，这样既可除腥，又能增加鲜味。

90

农家锅鲫鱼汤

视觉享受 ★★★　味觉享受 ★★★★　操作难度 ★★★

TIME 45分钟

菜品特点
香酥味美
美味可口

主料： 鲫鱼1条

配料： 葱、姜、蒜、红椒、白汤、料酒、八角、植物油、精盐、味精、鸡精、胡椒粉各适量

操作步骤

①红椒去蒂、去籽，切成小圈；葱切段；姜切片；蒜切块；鲫鱼处理干净，切块，用精盐、料酒、姜、葱腌渍10分钟。

②锅置火上，倒油烧热，下入鲫鱼块煎炸，炸至金黄色捞起。

③净锅倒油，油热后下入姜片、蒜块、葱段、红椒爆香，倒入白汤、鲫鱼，加料酒、八角、味精、鸡精、胡椒粉调味，待煮沸撇去浮沫即成。

操作要领

鲫鱼腌渍时间不宜过短，否则难以入味。

主料： 鲫鱼1条，竹笋50克

配料： 油菜、蘑菇、枸杞少许，黄酒、盐、植物油、味精、姜各适量

操作步骤

①油菜、蘑菇分别洗净；竹笋去外皮，洗净切片；姜切片；鲫鱼处理干净，用黄酒、盐腌10分钟。

②锅中倒植物油，油热后下姜片爆香，放入竹笋片、蘑菇、油菜炒匀，添入清水。

③待煮沸后倒入鲫鱼，加黄酒、枸杞，以中火焖煮30分钟，最后加盐、味精调味即可。

操作要领

竹笋应选用鲜嫩一些的。

菇笋鲫鱼汤

视觉享受 ★★★★　味觉享受 ★★★★★　操作难度 ★★★★

TIME 80分钟

菜品特点
味道鲜香

青瓜鱼片汤

视觉享受：★★★
味觉享受：★★★★
操作难度：★★★

TIME 15分钟

菜品特点
肉嫩汤鲜
美味营养

● 主料：青瓜 200 克，新鲜鲫鱼肉 300 克

● 配料：皮蛋 60 克，猪油 40 克，料酒 30 克，高汤 200 克，姜丝 5 克，精盐 3 克，白砂糖 2 克，鸡精 1 克，香油、胡椒粉各适量，香菜少许

操作步骤

①鲫鱼洗净切片；青瓜削皮去瓤，洗净切块；皮蛋去壳切块；香菜切段。

②炒锅内放猪油，油热时放入姜丝爆香；加料酒、高汤、精盐、白砂糖、鸡精、青瓜、皮蛋煮 3 分钟，再放入鱼片煮 5 分钟，滴上香油，撒上胡椒粉、香菜即可。

操作要领

鲫鱼一定要选用新鲜的，否则将影响菜的鲜味。

视觉享受：★★★ 味觉享受：★★★★ 操作难度：★★★★

奶汤鲫鱼

TIME 50 分钟

菜品特点
汤色奶白
鱼肉鲜嫩

⊃ **主料：** 鲫鱼 1 条，白萝卜、胡萝卜各 1 根

⊃ **配料：** 牛奶 100 克，枸杞少许，精盐、味精各 2 克，猪油、姜片、葱花各适量

🍲 操作步骤

①鲫鱼收拾干净；白萝卜、胡萝卜分别去皮，洗净切小条；枸杞洗净备用。

②烧热锅，用猪油滑锅后倒出，留少量猪油，烧至七八成热时把鲫鱼放入略煎，再加入枸杞，加盖略焖，使香味渗透入鱼身，然后再加牛奶和姜片，用大火烧沸后，加入精盐、味精调味。

③加入白萝卜、胡萝卜，转用中火同煮，煮熟后拣去姜片，放入碗中，撒上葱花即可。

🍲 操作要领

给鲫鱼剞花刀时，不可剞破肚皮，不然鱼易破碎。

⊃ **主料：** 鲫鱼 1 条，带皮熟羊肉 500 克

⊃ **配料：** 大葱 1 棵，植物油、绍酒、黄酒、酱油、精盐、糖、胡椒粉、卤汁各适量，香菜梗少许

🍲 操作步骤

①鲫鱼处理干净，去掉头和尾，取鱼肉切片；带皮熟羊肉洗净切块；大葱洗净切细丝。

②锅置火上，倒入植物油烧热，下葱丝、香菜梗爆香，放入鱼片略煎，再放入羊肉块，加绍酒、黄酒、酱油、精盐、清水，以大火煮沸，再转小火烧熟。

③加糖、胡椒粉调味，浇上卤汁略煮即可。

🍲 操作要领

鱼肉质细、纤维短、极易破碎，切鱼时应将鱼皮朝下，刀口斜入，最好顺着鱼刺，切起来更干净利落。

视觉享受：★★★ 味觉享受：★★★★ 操作难度：★★★★

鱼片羊肉汤

TIME 60 分钟

菜品特点
滋味醇厚

羊排鲫鱼汤

TIME 60分钟

操作难度：★★★

菜品特点
营养丰富
鲜香味浓

● 主料：鲫鱼1条，羊排少许

● 配料：香菜少许，上汤、植物油、大葱、姜、盐、胡椒粉各适量

操作步骤

①鲫鱼处理干净；香菜洗净切断；大葱洗净切末；姜切末；羊排剁段，焯水洗净备用。

②锅置火上，倒入植物油，油热后下葱末、姜末爆香，然后放入鲫鱼煎一下。

③倒入上汤、羊排熬煮，加精盐、胡椒粉调味，煮熟放入香菜段即可。

操作要领

鲫鱼不宜煎太久，稍煎即可。

海参

挑选

海参佳品体形大，肉质厚，腹内无沙粒；次品体形小，肉质薄，腹内有沙粒。

性味

味甘、咸，性平，无毒。

营养成分

营养素含量/100 克

成分名称	含量	成分名称	含量	成分名称	含量	成分名称	含量
热量（千卡）	78	蛋白质（克）	16.5	碳水化合物（克）	2.5	钠（毫克）	502.9
钙（毫克）	285	脂肪（克）	0.2	镁（毫克）	149	胆固醇（毫克）	51
钾（毫克）	43	磷（毫克）	28	铁（毫克）	13.2	维生素 E（毫克）	3.14

养生功效

①海参含有较丰富的蛋白质、较少的脂肪和胆固醇。

②海参号称"精氨酸大富翁"，含有 8 种人体自身不能合成的必需氨基酸，其中精氨酸、赖氨酸含量最为丰富。

③海参含有丰富的微量元素，尤其是钙、钒、钠、硒、镁含量较高，其中钒含量居各种食物之首，可以参与血液中铁的运输，增强造血能力。

④海参含有特殊的活性营养物质，包括海参酸性粘多糖、海参皂甙（海参素、海参毒素）、海参脂质、海参胶蛋白、牛磺酸等。

适宜人群

海参适宜虚劳羸弱、气血不足、营养不良、病后产后体虚的人食用；适宜肾阳不足、阳痿遗精、小便频数之人食用；适宜患高血压病、高脂血症、冠心病、动脉硬化者食用；适宜癌症病人及放疗、化疗、手术后的人食用；适宜肝炎、肾炎、糖尿病患者及肝硬化腹水和神经衰弱者食用；适宜血友病患者及易出血者食用；适宜年老体弱者食用。

食物禁忌

①海参一般不宜与一些水果共食。海参中含有丰富的蛋白质和钙等营养成分，而葡萄、柿子、山楂、石榴、青果等水果含有较多的鞣酸，同时食用，不仅会导致蛋白质凝固，难以消化吸收，还会出现腹痛、恶心、呕吐等症状。

②海参不宜与甘草同服。

海参当归汤

观赏享受：★★★★
味物享受：★★★★★
操作难度：★★★★

TIME 80分钟

菜品特点
口味醇和
味道鲜美

➡ **主料**：海参100克，当归30克

👍 **配料**：姜10克，精盐、胡椒粉、植物油各适量

🔄 操作步骤

①姜切丝；将海参放入热水中浸泡一天，然后取出内脏，放入锅中煮约50分钟。

②净锅倒植物油，油热后下姜丝爆香，加入当归、清水，煮沸后再加入海参，以大火煮5分钟，加精盐、胡椒粉调味即成。

🔄 操作要领 ◀◀◀

海参放入沸水中焯水，这样可以去除海参的腥味。

枸杞海参汤

TIME 40分钟

菜品特点
色泽美观
美鲜可口

> **主料:** 枸杞20克，水发海参300克

> **配料:** 香菇50克，料酒20克，酱油10克，白糖8克，葱6克，姜3克，精盐、味精各2克，植物油35克

操作步骤

①海参洗净撕去腹内黑膜备用；枸杞洗净；香菇洗净，切小块；姜切片；葱切碎。

②锅置火上，倒入植物油，六成热时下入葱花、姜片爆香，倒入海参、香菇翻炒均匀，再加入料酒、酱油、白糖调味；加入清水，以武火煮沸，再转文火焖煮。

③待海参煮熟后加入枸杞、精盐、味精即成。

操作要领

发好的海参应反复冲洗，以去除残留化学成分。

虾

挑选

　　买虾的时候，要挑选虾体完整、甲壳密集、外壳清晰鲜明、肌肉紧实、身体有弹性，并且体表干燥洁净的。至于肉质疏松、颜色泛红、闻之有腥味的，则是不够新鲜的虾，不宜食用。一般来说，头部与身体连接紧密的，就比较新鲜。

性味

　　性温，味甘。

营养成分

营养素含量 /100 克

成分名称	含量	成分名称	含量	成分名称	含量	成分名称	含量
硒（微克）	56.41	钠（毫克）	302.2	磷（毫克）	196	钾（毫克）	228
锰（毫克）	0.11	铜（毫克）	0.44	锌（毫克）	1.44	铁（毫克）	3
钙（毫克）	146	镁（毫克）	46	胆固醇（毫克）	117	烟酸（毫克）	1.9
核黄素（毫克）	0.05	硫胺素（毫克）	0.01	维生素B$_1$（毫克）	0.01	维生素B$_2$（毫克）	0.05
维生素E（毫克）	2.79	蛋白质（克）	16.8	脂肪（克）	0.6	碳水化合物（克）	1.5
热量（千卡）	79						

养生功效

①虾不仅营养丰富，且肉质松软、易消化，对身体虚弱以及病后需要调养的人是极好的食物。

②虾中含有丰富的镁，镁对心脏活动具有重要的调节作用，能很好地保护心血管系统，可减少血液中胆固醇的含量，防止动脉硬化，同时还能扩张冠状动脉，有利于预防高血压及心肌梗死。

③虾的通乳作用较强，并且富含磷、钙等成分，对小儿、孕妇尤有补益功效。

适宜人群

　　一般人群均可食用，老年人、孕妇和心血管病患者更适合食用；同时适宜肾虚阳痿、男性不育症、腰脚瘦弱无力、中老年人缺钙所致的小腿抽筋者食用。

食物禁忌

　　如果虾与含有鞣酸的水果，如葡萄、石榴、山楂、柿子等同食，不仅会降低蛋白质的营养价值，而且鞣酸和钙离子结合形成不溶性结合物会刺激肠胃，易引起人体不适，出现呕吐、头晕、恶心、腹痛和腹泻等症状。

视觉享受：★★★ 味觉享受：★★★★ 操作难度：★★★

雪菜煮鲜虾

TIME 15分钟

菜品特点
鲜荠浓郁
菜香适口

主料： 雪菜、蚕豆、大虾各适量

配料： 培根、冬笋各少许，姜、植物油、料酒、精盐、味精、胡椒粉、白糖各适量

操作步骤

①大虾去头洗净；雪菜、蚕豆分别洗净；冬笋去外皮，洗净切丝；培根洗净切丝；姜切丝。

②锅中倒油，烧热后下大虾煎一下；净锅倒油，烧热后下入培根丝煸炒，再加入雪菜、冬笋丝翻炒。

③添入清水，倒入蚕豆煮5分钟，加料酒、精盐、味精、胡椒粉、白糖调味，然后倒入大虾再煮3分钟，最后加入姜丝即可。

操作要领

大虾不宜煎太久，略煎一下即可。

主料： 大虾、青苹果各适量

配料： 高汤、葱花、姜片、精盐、胡椒粉各适量

操作步骤

①大虾去壳，洗净备用；青苹果去皮，洗净切块。

②锅置火上，倒入高汤，以大火煮沸，放入虾壳、姜片，煮10分钟。

③拣出姜片、虾壳，放入青苹果块，加精盐、胡椒粉调味，煮沸后放入大虾，待煮至虾变红时，撒上葱花即成。

操作要领

虾不要煮太久，否则虾肉易老。

视觉享受：★★★ 味觉享受：★★★★ 操作难度：★★★★

青苹果鲜虾汤

TIME 40分钟

菜品特点
口感鲜美
入口即化

益肾壮阳*汤*

视觉享受：★★★
味觉享受：★★★★
操作难度：★★★

TIME 30分钟

菜品特点
美味香肾
味美肉嫩

➡ **主料：** 泥鳅 3 条，虾适量

➡ **配料：** 姜、食盐各适量

🍲 操作步骤

①泥鳅处理干净，洗净备用；虾洗净备用；姜切四方片。

②锅置火上，添加清水，倒入泥鳅、虾、姜片，加食盐调味，以武火煮沸后，转文火炖煮，煮熟即成。

🍲 操作要领

添入的清水，以没过鱼身为准。

银鱼

挑选

银鱼干品以鱼身干爽、色泽自然明亮者为佳，需要注意的是，鱼的颜色太白并不能证明其质优，需提防是否掺有荧光剂或漂白剂。

性味

味甘，性平。

营养成分

营养素含量/100 克

成分名称	含量	成分名称	含量	成分名称	含量	成分名称	含量
热量（千卡）	105	碳水化合物（克）	—	脂肪（克）	4	蛋白质（克）	17.2
纤维素（克）	—	维生素 A(微克)	7	维生素 C(毫克)	—	维生素 E(毫克)	1.86
胡萝卜素(微克)	—	硫胺素（毫克）	0.03	核黄素（毫克）	0.05	烟酸（毫克）	0.2
胆固醇（毫克）	361	镁（毫克）	25	钙（毫克）	46	铁（毫克）	0.9
锌（毫克）	0.16	铜（毫克）	—	锰（毫克）	0.07	钾（毫克）	246
磷（毫克）	22	钠（毫克）	8.6	硒（微克）	9.54		

养生功效

银鱼有润肺止咳、善补脾胃、利水的功效，可治脾胃虚弱、肺虚咳嗽、虚劳诸疾。据现代营养学分析，银鱼营养丰富，具有高蛋白、低脂肪之特点，属"整体性食物"，营养完全，利于增进人体免疫功能和长寿。

适宜人群

一般人都可食用，尤其适宜体质虚弱、营养不足、消化不良者，高血脂症患者，脾胃虚弱者，有肺虚咳嗽、虚劳等症者食用。

食物禁忌

皮肤过敏者忌食。

银鱼冬笋汤

TIME 40 分钟

营养含量：★★★★
味觉享受：★★★★
操作难度：★★★

菜品特点
银鱼鲜嫩
汤汁清香

主料： 银鱼干 50 克，猪肉 50 克，冬笋 100 克

配料： 青蒜 15 克，香菇 10 克，精盐 3 克，胡椒粉 2 克，味精 1 克，肉清汤 750 克，猪油 100 克

操作步骤

①银鱼干洗净，放入冷水中浸泡，直至涨发；猪肉洗净切丝；冬笋、香菇洗净切丝；青蒜切段。

②炒锅置火上，烧热后下猪油，加入冬笋丝、猪肉丝煸炒，出锅倒入火锅中，再倒入银鱼、香菇、青蒜搅匀。

③炒锅置火上，倒入猪油、肉清汤，调入味精、胡椒粉、精盐，煮沸后浇入火锅中，最后将火锅放置在炭加热装置上即可。

操作要领

银鱼干要多洗几次，以求清洗干净。

银鱼紫背天葵汤

TIME：45分钟

菜品特点
银鱼鲜嫩

营养专家 ★★★★
沃饪专家 ★★★★
操作难度：★★★

- **主料**：银鱼、紫背天葵各适量
- **配料**：上汤、盐、鸡精粉、香油、枸杞各适量

操作步骤

①紫背天葵摘取嫩叶，洗净沥干；银鱼、枸杞分别洗净。

②取汤锅，添入上汤，加入紫背天葵、银鱼、枸杞、盐、鸡精粉，以大火煮沸，然后转小火焖煮，煮熟淋入香油即可。

操作要领

紫背天葵须多冲洗几次。

鱼翅

挑选

鱼翅，以用鲨鱼的背鳍（脊翅）制成的为最好，粗的好像筷子，金黄明亮，这类翅中有一层肥膘似的肉，翅筋层层排在肉内，胶质丰富。胸鳍（翼翅）制作的稍次于背翅，质地鲜嫩。最次的是尾鳍。

性味

性平，味甘。

营养成分

营养素含量/100 克

成分名称	含量	成分名称	含量	成分名称	含量	成分名称	含量
蛋白质（克）	83.5	脂肪（克）	0.3	钙（毫克）	146	磷（毫克）	194
铁（毫克）	15.2						

养生功效

①祛脂降压：鱼翅含降血脂、抗动脉硬化及抗凝成分，对心血管系统疾病有防治功效。

②养颜护肤：鱼翅含有丰富的胶原蛋白，有利于滋养、柔嫩皮肤黏膜，是很好的美容食品。

③和胃消食：有益气、开胃、补虚的功效，能渗湿行水、开胃进食、清痰消积、补五脏、长腰力、益虚痨。

④提高免疫力：气血不足、营养不良、体质虚弱之人，各种癌症、心血管疾病、免疫性疾病患者适宜食用。

适宜人群

一般人群均可食用。

食物禁忌

不能与烤鸭、甲鱼一起吃。

粟米蟹肉鱼翅羹

TIME 20分钟

菜品特点
外观悦目
味道鲜美

葡饱字受 ★★★★
味觉字受 ★★★★
操作难度：★★★

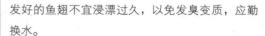

- **主料**：干鱼翅、膏蟹、火腿、鸡柳肉各适量
- **配料**：葱丝、姜丝、黄酒、色拉油、高汤、精盐、味精、水淀粉各适量

操作步骤

①干鱼翅用清水泡发备用；火腿去皮切丝；鸡柳肉洗净切丝。

②膏蟹洗净，放入蒸锅，加黄酒、葱丝、姜丝，蒸熟后取肉，切丝，再取蟹黄备用。

③锅中倒入所有食材，加色拉油、高汤、姜丝、精盐、味精、水淀粉，制羹即可。

操作要领

发好的鱼翅不宜浸漂过久，以免发臭变质，应勤换水。

105

鱼翅鸡羹

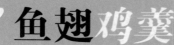

视觉享受：★★★★
味觉享受：★★★★★
操作难度：★★★★

TIME 40分钟

菜品特点
营养主富
老少咸宜

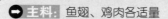

🔵 **主料**：鱼翅、鸡肉各适量

🔵 **配料**：鸡蛋4个，葱段、姜片、上汤、酒、精盐、生粉、猪油各适量

🍳 操作步骤

①鸡肉剁成细茸状，加酒、精盐、蛋白搅拌均匀（一个一个地加入蛋白，加够4个即制成鸡茸）。

②锅置火上，倒入鱼翅、清水、葱段、姜片，以小火煮15分钟，然后捞出鱼翅。再取净锅，倒入上汤，放入鱼翅，以小火煮约20分钟，捞出。

③净锅倒入猪油，烧热后倒酒，再倒入上汤，放入鱼翅，加盐调味，用生粉勾芡，然后慢慢淋入鸡茸，盛出即成。

⚓ 操作要领

淋入鸡茸时，最好用汤勺快速搅动，以免鸡茸结块。

蟹

挑选

一望：蟹是不是活泼，放在地上爬的速度是不是很快，是否能很快翻身。

二闻：蟹是否已经成熟，公蟹前螯下方的毛是否长齐，母蟹脐部是否把整个腹部盖满。

三问：要问蟹的产地，是否是大水面养殖的，比如阳澄湖、微山湖、骆马湖等养殖场地出产的。

四切：最关键的一步，就是用手捏蟹倒数第二个爪子的大腿，硬说明蟹黄或者蟹膏多，软说明蟹黄或者蟹膏少，甚至没有。

性味

味咸，性寒，有小毒。

营养成分

营养素含量/100克

成分名称	含量	成分名称	含量	成分名称	含量	成分名称	含量
水分（克）	77.1	能量（千卡）	95	钾（毫克）	232	组氨酸	356
蛋白质（克）	13.8	脂肪（克）	2.3	碳水化合物（克）	4.7	脯氨酸	625
胆固醇（毫克）	125	灰分（克）	2.1	维生素A（微克）	30	丝氨酸	511
视黄醇（毫克）	30	硫胺素（微克）	0.01	核黄素（毫克）	0.1	尼克酸（毫克）	2.5
维生素E(T)(毫克)	2.99	α−E	0.96	(β−γ)−E	2.03	钙（毫克）	208

养生功效

蟹具有清热除火、消食、活血祛瘀、提高免疫力、健脑、有益心血管、强筋、壮骨等功效。

适宜人群

一般人群都可食用，尤其适宜瘀血肿痛、产妇胎盘残留、关节炎、疟疾、外科疾病者食用。

食物禁忌

脾胃虚寒、大便溏薄、腹痛隐隐、风寒感冒未愈、发热、胃病、腹泻、月经过多、痛经、宿患风疾、顽固性皮肤瘙痒者忌食；患有高血压、冠心病、动脉硬化者，应尽量少吃蟹黄。

视觉享受：★★★★★ 味觉享受：★★★★★ 操作难度：★★★

羊排炖蟹

TIME 60 分钟

菜品特点
汤汁鲜美
羊肉香嫩

> **主料：** 螃蟹 600 克，羊排 300 克
> **配料：** 香菜少许，高汤适量，葱、姜各 8 克，香油 5 克，精盐、味精各 2 克，料酒 10 克，胡椒粉 1 克，植物油 20 克

操作步骤

①活蟹洗净剁块；羊排洗净剁段，飞水；香菜洗净切段；姜去皮，洗净切末；葱洗净切末。

②锅置火上，倒植物油烧热，油热后下葱末、姜末爆香，倒入羊排煸炒，烹入料酒，加高汤焖煮。

③待羊排九成熟时倒入蟹块，加精盐、味精、胡椒粉调味，最后撒上香菜，淋入香油即成。

操作要领

羊排须先飞水去除血沫。

> **主料：** 水发鱼唇 1000 克，干蟹黄 50 克
> **配料：** 鸡汤 800 克，鸡油 15 克，葱姜油 80 克，料酒 25 克，葱段 25 克，毛姜水 20 克，姜 1 块，味精 10 克，湿淀粉 40 克，精盐 4 克

操作步骤

①鱼唇切长条，放入沸水锅中焯一下；蟹黄处理干净，倒入 100 克鸡汤，加 10 克料酒、10 克葱段、10 克拍松的姜块拌匀，上屉蒸透，然后装入盘中。

②鱼唇放入汤锅，倒入 200 克鸡汤，加 5 克料酒、2 克精盐、5 克味精、10 克毛姜水，以小火煨至汤汁收干时，捞出鱼唇放在蟹黄上。

③净锅至火上，倒入 60 克葱姜油烧热，烹入 10 克料酒，倒入 500 克鸡汤、5 克味精、2 克精盐、10 克毛姜水，放入鱼唇、蟹黄煨 10 分钟，最后用湿淀粉勾流芡，淋入 20 克葱姜油，翻勺后再淋入鸡油即成。

操作要领

此菜食材和配料用量须精准。

视觉享受：★★★★★ 味觉享受：★★★★★ 操作难度：★★★★

蟹黄烩鱼唇

TIME 80 分钟

菜品特点
汤色洁黄
口味鲜香

河蟹南瓜汤

视觉享受：★★★
味觉享受：★★★★
操作难度：★★★★

TIME 65分钟

菜品特点
味美肉嫩

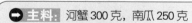

➡ 主料： 河蟹 300 克，南瓜 250 克

🔄 配料： 芹菜适量，植物油、绍酒各 10 克，精盐、味精各 3 克，高汤 500 克，胡椒粉 2 克，鸡粉 5 克，葱末、姜末少许

🍳 操作步骤

①将河蟹洗干净，斩件；南瓜洗净，去皮、瓤，切成块；芹菜摘去叶子，洗净切段。

②炒锅上火烧热，加植物油，用葱末、姜末炝锅，烹绍酒，添高汤烧开，放入河蟹、南瓜、芹菜，加入精盐、味精、胡椒粉、鸡粉调好口味，撇净浮沫，用中火炖至南瓜软烂入味，出锅即可。

🥄 操作要领

南瓜可以适当多放一点。

109

视觉享受：★★★　味觉享受：★★★★　操作难度：★★★★

西红柿活蟹汤

TIME 50 分钟

菜品特点
爵劲十足
味醇适口

主料： 海蟹 1200 克，西红柿 500 克

配料： 香菜、粉丝各少许，姜 50 克，料酒 15 克，精盐 5 克，植物油 30 克，高汤、花椒油各适量

操作步骤

①海蟹处理干净，剁块，取出蟹壳中的蟹黄备用；西红柿去皮，切块；香菜、姜分别切末；粉丝用热水烫软备用。

②锅中倒植物油，下姜末爆香，倒入蟹块翻炒，烹入料酒，加高汤、精盐焖煮。

③净炒锅倒植物油烧热，下西红柿翻炒几下，然后盛出；待蟹煮至八成熟时，加入西红柿、粉丝，最后淋入花椒油，撒入香菜末，略煮即成。

操作要领

因为蟹本身有海水的咸鲜味，所以盐的用量一定要控制好。

主料： 螃蟹 150 克，银耳、藕丁、笋、鸡肉、猪肉各适量

配料： 胡萝卜少许，植物油、姜、精盐、白糖、高汤精、米酒、淀粉各适量

操作步骤

①螃蟹处理干净；鸡肉、猪肉分别切末；胡萝卜洗净切片；笋洗净切段；姜切片。

②取一空碗，倒入鸡肉末与猪肉末，加入藕丁、精盐、高汤精、淀粉搅匀；捏成丸子，放入水中煮至定形。

③锅置火上，倒入植物油，油热后下姜片爆香，倒入螃蟹、胡萝卜片、笋段翻炒，烹入米酒，调入精盐、白糖、高汤精，加入开水以小火炖煮。

④将煮好的丸子倒入锅中，再倒入银耳煮熟即成。

操作要领

炖煮螃蟹以加入开水为宜。

视觉享受：★★★★　味觉享受：★★★★★　操作难度：★★★

金秋日蟹锅

TIME 80 分钟

菜品特点
清香味醇
宜于秋补

鱼头

挑选

　　质量好的活鱼在水中游动自如，呼吸均匀，对外界刺激敏感，表面黏液清洁透明、无伤、不掉鳞。如果发现鱼肚皮朝上不能直立，或是游动缓慢，反应迟钝，黏液脱落，则是鱼即将死亡的征兆。

性味

　　味甘，性平。

营养成分

营养素含量/100克

成分名称	含量	成分名称	含量	成分名称	含量	成分名称	含量
热量（千卡）	104	碳水化合物(克)	—	脂肪（克）	3.6	蛋白质（克）	17.8
维生素A(微克)	20	维生素E(毫克)	1.23	硫胺素（毫克）	0.03	核黄素（毫克）	0.07
烟酸（毫克）	2.5	胆固醇（毫克）	99	镁（毫克）	23	钙（毫克）	53
铁（毫克）	1.4	锌（毫克）	1.17	铜（毫克）	0.06	锰（毫克）	0.09
钾（毫克）	277	磷（毫克）	190	钠（毫克）	57.5	硒（毫克）	15.68

养生功效

①鱼头含有丰富的不饱和脂肪酸，对血液循环有利，是心血管病人的良好食物。
②鱼头含有丰富的硒元素，经常食用有抗衰老、养颜的功效，而且对肿瘤也有一定的防治作用。

适宜人群

　　一般人皆可食用。鱼头营养高、口味好，富含人体必需的卵磷脂和不饱和脂肪酸，对降低血脂、健脑及延缓衰老有好处。

食物禁忌

①服用某些药物者忌食：服用止咳药者不要吃鱼，尤其是深海鱼更不要食用，以免引起组胺过敏反应，导致患者出现皮肤潮红、结膜充血、头晕、心跳加快、荨麻疹等不适症状。

②肝硬化患者忌食：肝硬化患者机体难以产生凝血因子，加之血小板偏低，容易引起出血，如果再食用富含二十碳五烯酸的沙丁鱼、青鱼、金枪鱼等，会使病情急剧恶化，雪上加霜。

③痛风患者忌食：鱼类含有嘌呤类物质，而痛风恰是由于人体内的嘌呤代谢发生紊乱而引起的。

 酒香鲢鱼头

亲你享受：★★★★
味觉享受：★★★★★
操作难度：★★★

TIME 70 分钟

菜品特点
酒香浓郁
汤汁鲜美

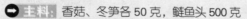

主料： 香菇、冬笋各 50 克，鲢鱼头 500 克

配料： 猪油 50 克，汾酒 60 克，醋 10 克，精盐 5 克，姜、蒜、味精各适量

🔄 操作步骤

①鲢鱼头剁成两半；香菇洗净；冬笋去外皮，洗净切片；姜切丝；蒜切末。

②锅置火上，倒入猪油，油热后下鲢鱼头煎，烹入醋、20 克汾酒，加姜丝、蒜末用精盐、味精调味，再次加入 20 克汾酒盖锅盖焖煮。

③汤汁煮至奶白色时，加香菇、冬笋、20 克汾酒，煮沸即成。

🔖 操作要领

香菇、冬笋都须选用新鲜的。

美味・养生
菌菇汤煲

蘑菇

挑选

①成熟度：不要购买成熟度特别高的蘑菇，成熟度高的反而品质不佳，七八成熟最好。

②看颜色：好的蘑菇菇盖呈白色或灰色，菇柄为白色。假如菇呈黄色则不好，发黄的原因是菇老、喷过水或受细菌污染。

③看外观：最好购买表面没有腐烂、形状比较完整、没有水渍、不发黏的。菇柄粗短、菇盖圆且直径约 4 厘米、盖面光滑平展、边缘肉厚、丛生的好；菇盖边缘肉薄、有褶皱、菇柄细长、下部有白色绒毛的为次；盖直径过大的则老。

④闻气味：要选择没有发酸、发臭的蘑菇。

性味

味甘，性平。

营养成分

营养素含量 /100 克

成分名称	含量	成分名称	含量	成分名称	含量	成分名称	含量
热量（千卡）	242	碳水化合物（克）	31.6	脂肪（克）	3.3	蛋白质（克）	38.7
纤维素（克）	17.2	维生素 A(微克)	—	维生素 E(毫克)	8.57	硫胺素（毫克）	0.07
核黄素（毫克）	0.08	烟酸（毫克）	44.3	镁（毫克）	167	钙（毫克）	169
铁（毫克）	19.4	锌（毫克）	9.04	铜（毫克）	5.88	锰（毫克）	5.96
钾（毫克）	3106	磷（毫克）	1655	钠（毫克）	5.2	硒（微克）	—

养生功效

中医理论认为：蘑菇味甘、性平，有宜肠益气、散血热、解表化痰、理气等功效。

适宜人群

一般人群都适合食用，尤其适合癌症、心血管系统疾病、肥胖、便秘、糖尿病、肝炎、肺结核、软骨病患者食用。

食物禁忌

便泄者慎食。

视觉享受：★★★★ 味觉享受：★★★★★ 操作难度：★★★

香菇软骨汤

TIME 135 分钟

菜品特点

菜肴肺道
汤汁醇美

> **主料：** 香菇、猪软骨各适量
> **配料：** 高汤、精盐、鸡精各适量，香菜少许

操作步骤

①香菇洗净；猪软骨洗净，放入沸水锅中烫一下，然后过凉水切块。

②锅中倒入高汤，加入猪软骨煮30分钟，再放入香菇，以小火煮90分钟。

③最后放精盐、鸡精调味，撒上香菜即可。

操作要领

猪软骨一定要洗净再烹制。

> **主料：** 红萝卜100克，蘑菇30克
> **配料：** 黄豆、西蓝花各20克，色拉油4克，精盐3克，白糖1克，清汤适量

操作步骤

①红萝卜去皮切块；蘑菇洗净切片；西蓝花洗净撕成小朵；黄豆倒进清水中浸泡片刻，然后上锅蒸熟备用。

②锅置火上，倒入色拉油，油热后下入红萝卜、蘑菇翻炒，然后倒入清汤，以中火烧煮。

③红萝卜、蘑菇煮熟后倒入黄豆、西蓝花同煮，加入精盐、白糖调味即可。

操作要领

做蘑菇汤时不要加味精，这样可以保持蘑菇本身特有的鲜味。

视觉享受：★★★ 味觉享受：★★★★★ 操作难度：★★★★

红萝卜蘑菇汤

TIME 40 分钟

菜品特点

清而不腻
品素营养

扣三丝汤

TIME 80分钟

菜品特点
外形美观
汤汁清香

烹饪享受 ★★★★★
味觉享受 ★★★★
操作难度：★★★

 **主料：** 香菇2个，火腿2片，鸡肉200克，冬笋50克

 **配料：** 姜片、葱段、葱花、酒、上汤各适量

🌀 操作步骤

①鸡肉洗净，加入姜片、葱段、酒拌匀，隔水蒸熟，然后切细丝；火腿洗净切丝；冬笋去根与外皮，洗净切丝；香菇浸软去蒂。

②香菇重叠铺于碗底，将鸡丝、火腿丝、冬笋丝整齐排于碗底，倒入适量上汤，然后隔水蒸30分钟。

③将蒸好的汤汁倒出备用，剩余食材倒入深盘中。

④倒出的汤汁加入剩余的上汤，入锅煮沸，最后倒入深盘中，撒上葱花即可。

🌀 操作要领

鸡丝、火腿丝和冬笋丝须切得长短均匀。

视觉享受：★★★★　味觉享受：★★★★　操作难度：★

素食养生锅

TIME 30 分钟

菜品特点
天然蔬菜
绿色健康

主料： 玉米1根，杏鲍菇6朵，鲜香菇100克

配料： 黄豆芽、红尖椒各适量，清汤火锅料1包，冬粉1把

操作步骤

①玉米洗净切段；黄豆芽洗净备用；杏鲍菇、鲜香菇洗净切片；红尖椒洗净切段；冬粉泡水备用。

②取一锅清水加入清汤火锅料，将材料全部放入锅中以大火煮开后，转中小火煮约10分钟即可。

操作要领

火锅料本身有咸味，所以不需要另外加精盐。

主料： 海鲜菇、鸡腿菇各100克

配料： 青、红尖椒各1个，粉丝、酸汤、姜、麻椒、精盐各适量

操作步骤

①海鲜菇、鸡腿菇洗净放入开水中焯一下；青、红尖椒去蒂，洗净切圈；姜切片。

②锅置火上，倒入酸汤，下海鲜菇、鸡腿菇、粉丝、青尖椒圈、红尖椒圈、姜片、麻椒同煮，加精盐调味，煮熟即可。

操作要领

如果不喜欢姜的味道，也可以不放。

视觉享受：★★★★★　味觉享受：★★★★★　操作难度：★★★★

菌菇酸汤

TIME 20 分钟

菜品特点
酸爽浓厚
口感细腻

猪舌雪菇汤

视觉享受：★★★
味觉享受：★★★★★
操作难度：★★★★

菜品特点
鲜香可口
营养丰富

● **主料**：香菇、猪舌、猪瘦肉各适量

● **配料**：银耳少许，精盐、味精、食用油各适量

操作步骤

①猪舌洗净切片；猪肉洗净切片；香菇泡发，洗净切块；银耳泡发，洗净备用。

②将猪舌、猪瘦肉用食用油、精盐腌一下。

③锅中添水，倒入香菇、银耳，以大火煮沸，再

转小火煮约 15 分钟，加入猪舌、猪瘦肉，煮熟后加精盐、味精调味即成。

操作要领

香菇要选用新鲜、色泽鲜亮的。

视觉享受：★★★★★ 味觉享受：★★★★ 操作难度：★

白蘑田园汤

TIME：25分钟

菜品特点
软滑清香
营养全面

⊃ 主料： 小白蘑200克，玉米、胡萝卜、土豆各50克，西蓝花30克

⊃ 配料： 精盐、酱油、鸡精、料酒各适量，鸡汤500克

🔄 操作步骤

①小白蘑去根，洗净，沥去水分；玉米切成块；土豆、胡萝卜分别去皮，洗净，切成片。

②锅置火上，倒入鸡汤、料酒烧沸，然后放入小白蘑、玉米块、土豆片、胡萝卜片、西蓝花烧沸。

③转小火煮至熟烂，最后加入精盐、酱油、鸡精调味即可。

🔵 操作要领

所有材料一定要煮熟。

⊃ 主料： 水面筋400克

⊃ 配料： 鲜香菇50克，红枣、枸杞各5克，当归10克，鸡精2克，精盐3克，花生油20克，香菜叶少许

🔄 操作步骤

①水面筋洗净切块；香菇洗净去蒂，切成两片；红枣、枸杞洗净；当归切丝。

②锅中放油，烧至九成热时，放入水面筋炸干水分。

③锅中加水，煮沸后放入面筋、香菇、当归、精盐、面筋回软时，捞起沥干，除去当归，将剩余的汤汁放入一个大碗内沉淀备用。

④另取一个大碗，碗内壁涂匀花生油，将香菇和面筋分别放在碗底两边，再加入红枣、枸杞，倒入经过沉淀的面筋汤，再取一个小碗，放入当归和适量水，两个碗一并入笼用旺火蒸煮30分钟取出。

⑤将当归汤倒入面筋汤碗中，加入精盐、鸡精调味，放上香菜叶即可。

🔵 操作要领

炸面筋时，待其浮起呈赤红色时捞出，并在热水中将油尽量洗去，这样成品的味道会更加美味。

视觉享受：★★★★★ 味觉享受：★★★★★ 操作难度：★★★★

面筋香菇汤

TIME：50分钟

菜品特点
国内起享
口感独特

香菇红枝汤

TIME 30 分钟

菜品特点
补血安神
延年益寿

营养专家 ★★★★
烹饪专家 ★★★★
操作难度：★★

主料： 大枣 10 枚，干香菇 20 朵
配料： 精盐、料酒、味精、色拉油各适量

操作步骤

①大枣去核洗净；干香菇用温水泡至软涨，捞出洗去泥沙。

②将泡香菇的水注入盅内，放入香菇、大枣，调入精盐、味精、料酒、色拉油及少许水，隔水炖

熟即可。

操作要领

如果想要增强营养，可以适当加入姜片。

竹荪

挑选

竹荪以色泽浅黄、体大、无虫蛀者为佳，不要选择颜色过于洁白的，因为后者有可能是经过硫黄熏烤的。

性味

性凉，味甘。

营养成分

营养素含量/100 克

成分名称	含量	成分名称	含量	成分名称	含量	成分名称	含量
热量（千卡）	155	碳水化合物(克)	60.3	脂肪（克）	3.1	蛋白质（克）	17.8
纤维素（克）	—	维生素 A(微克)	—	维生素 C(毫克)	—	维生素 E(毫克)	—
胡萝卜素(微克)	—	硫胺素（毫克）	—	核黄素（毫克）	—	烟酸（毫克）	—
胆固醇（毫克）	—	镁（毫克）	—	铜（毫克）	—	钙（毫克）	—
铁（毫克）	—	锌（毫克）	—	锰（毫克）	—		

养生功效

补气养阴，润肺止咳，清热利湿；主治肺虚热咳、喉炎、痢疾、白带、高血压、高血脂等病症。

适宜人群

一般人群均可食用。肥胖、失眠、高血压、高血脂、高胆固醇患者，免疫力低下者，肿瘤患者可以常食。一般脑力工作者也可食用。

食物禁忌

竹荪性凉，脾胃虚寒之人不要吃得太多。女性在月经期间，不要食竹荪。

口蘑火腿竹荪汤

阅饪享受：★★★
味觉享受：★★★
操作难度：★★★

TIME 25 分仰

🔹 **主料：** 干竹荪 30 克，口蘑 30 克，火腿 1 根

🔹 **配料：** 萝卜菜苗少许，精盐 3 克，鸡油 5 克，鸡汤、猪肉各适量

🌀 操作步骤

①竹荪洗净，放入锅中焯水；口蘑洗净，放入清水中浸透，然后切成薄片；火腿去外皮切片；萝卜菜苗洗净；猪肉洗净切块。

②锅置火上，倒入鸡汤，加精盐调味，煮沸后加入竹荪、口蘑、火腿、猪肉同煮。

③煮熟后加入萝卜菜苗略煮，然后盛出淋上鸡油即可。

🌀 操作要领

竹荪不要放过多，否则会夺去汤的鲜味。

竹荪炖排骨

TIME 2 小时

操作难度：★★★

菜品特点
汤色奶白
滋补营养

● 主料： 排骨、竹荪、山药各适量

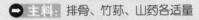

● 配料： 姜片、葱段、精盐、黄酒、料酒各适量

🥄 操作步骤

①排骨用加了姜片、料酒、葱段的水飞过；竹荪用清水冲洗后再用温水浸泡 30 分钟；山药去皮切滚刀块，用淡盐水泡上备用。

②汤煲一次加足水，放入排骨，大火烧开后撇去浮沫，加姜片、葱段、黄酒烧开后，转中小火煲

1 小时左右。

③将泡好的竹荪与山药一起倒入汤锅，中火煲 20 分钟，加精盐调味即可。

🔥 操作要领

排骨飞水，可以去除血污。

123

黑木耳

挑选

　　鲜木耳含有一种称为卟啉的光敏性物质，人食用后经太阳照射可引起皮肤瘙痒、水肿等症状，严重的可致皮肤坏死。干木耳是经暴晒处理的成品，在暴晒过程中会分解大部分卟啉，而在食用前，干木耳又经水浸泡，其中剩余的卟啉会溶于水，因而水发的干木耳可安全食用。

性味

　　味甘，性平，有小毒。

营养成分

营养素含量/100克

成分名称	含量	成分名称	含量	成分名称	含量	成分名称	含量
热量（千卡）	205	碳水化合物（克）	65.6	脂肪（克）	1.5	蛋白质（克）	12.1
纤维素（克）	29.9	维生素 A（微克）	17	维生素 C（毫克）	—	维生素 E（毫克）	1.34
胡萝卜素（微克）	100	硫胺素（毫克）	0.17	核黄素（毫克）	0.44	烟酸（毫克）	2.5
胆固醇（毫克）	—	镁（毫克）	152	钙（毫克）	247	铁（毫克）	97.4
锌(毫克)	3.18	铜（毫克）	0.32	锰（毫克）	8.86	钾（毫克）	757
磷（毫克）	292	钠（毫克）	48.5	硒（微克）	3.72		

养生功效

①黑木耳中铁的含量极为丰富，故常吃木耳能养血驻颜，令人肌肤红润、容光焕发，并可防治缺铁性贫血。

②黑木耳含有维生素 K，能减少血液凝块，预防血栓症的发生，有防治动脉粥样硬化和冠心病的作用。

③木耳中的胶质可把残留在人体消化系统内的灰尘、杂质吸附集中起来排出体外，从而起到清胃涤肠的作用，它对胆结石、肾结石等内源性异物也有比较显著的化解功能。

④黑木耳含有抗肿瘤活性物质，能增强机体免疫力，经常食用可防癌、抗癌。

适宜人群

　　一般人群均可食用。适合心脑血管疾病、结石症患者食用，特别适合缺铁者食用。

食物禁忌

　　黑木耳性平补益，但是，新鲜的黑木耳含一种光敏性物质，会引起日光性皮炎，故新鲜黑木耳不宜食用；此外，有出血性疾病、腹泻者的人应不食或少食，孕妇不宜多吃。还有，黑木耳不宜与野鸭肉同食。

西红柿木耳汤

TIME 40 分钟

菜品特点

香甜爽口

营养价值 ★★★
就餐人数 ★★★
操作难度：★★

● 主料：木耳、西红柿各适量

● 配料：香油、精盐、植物油、葱花各适量

操作步骤

①木耳用水泡好，洗净撕片；西红柿切小块；大葱洗净切葱花。

②锅中倒植物油，油热后放入西红柿略炒，加精盐调味。

③待西红柿炒出浓汁时放入木耳，倒入开水，煮沸后淋入香油，撒上葱花即可。

操作要领

木耳应用清水长时间浸泡。

125

红枣木耳汤

TIME 65 分钟

视觉享受：★★★★
味觉享受：★★★★
操作难度：★★★★

➡ **主料：** 木耳、红枣各适量

➡ **配料：** 白糖适量

🍲 操作步骤

①木耳泡发，撕成小块；红枣洗净。

②红枣、木耳放入砂锅中，加入清水、白糖，煮熟即成。

🍲 操作要领

此汤红枣无须去核。

家常 养生汤煲

香醇·柔滑
禽蛋奶汤煲

鸭

挑选

①活鸭应选羽毛丰富滑润、色泽鲜亮，肉坚实，两眼有神，行动活泼，翼下及脚部皮肤柔软，手摸胸骨并不显著突出，肉质丰满肥嫩的。

②光禽应选胸脯丰满坚实而有弹性、眼珠凸出并有光泽、背部和腿部均有脂肪，外表微干，皮肤湿，翼下及脚部皮肤柔软的。

性味

性寒，味甘、咸。

营养成分

营养素含量/100 克

成分名称	含量	成分名称	含量	成分名称	含量	成分名称	含量
热量（千卡）	240	碳水化合物（克）	0.2	脂肪（克）	19.7	蛋白质（克）	15.5
维生素 A（微克）	52	维生素 E（毫克）	0.27	硫胺素（毫克）	0.08	核黄素（毫克）	0.22
烟酸（毫克）	4.2	胆固醇（毫克）	94	镁（毫克）	14	钙（毫克）	6

养生功效

鸭肉中的脂肪酸熔点低，易于消化，所含 B 族维生素和维生素 E 较其他肉类多，能有效抵抗脚气病、神经炎和多种炎症，还能抗衰老。其中所含较丰富的烟酸，是构成人体内两种重要辅酶的成分之一，对心肌梗死等心脏疾病患者有保护作用。

适宜人群

一般人群均可食用。适于体内有热、上火的人食用；发低热、体质虚弱、大便干燥和水肿的人，食之更佳。同时适宜营养不良、产后病后体虚、盗汗、遗精、妇女月经少、咽干口渴者食用；还适宜癌症患者及放疗、化疗后糖尿病、肝硬化腹水、肺结核、慢性肾炎浮肿者食用。

食物禁忌

不宜与鳖肉同食，同食令人阴盛阳虚，水肿泄泻。素体虚寒，受凉引起的不思饮食，胃部冷痛、腹泻清稀、腰痛及寒性痛经、肥胖、动脉硬化、慢性肠炎者应少食；感冒患者不宜食用。

视觉享受：★★★★ 味觉享受：★★★★★ 操作难度：★★★★

萝卜老鸭汤

TIME 100分钟

菜品特点
口味醇和
汤味鲜香

主料：老鸭1只，白萝卜400克

配料：豆芽、胡萝卜各少许，姜、黄酒、精盐、鸡精、清汤各适量

操作步骤

①老鸭洗净，择去杂毛，斩成大块，焯水捞出洗去血沫沥干；白萝卜、胡萝卜分别洗净，切成块；豆芽洗净；姜洗净，用刀拍松备用。

②砂锅内放入适量清汤，放入鸭块、姜、黄酒，大火烧开后改小火焖煮1小时，放入白萝卜块、胡萝卜块、豆芽，再煮30分钟后，放入适量的精盐和鸡精即可。

操作要领

若时间充足，老鸭要多炖一会儿，这样会更入味。

主料：鸭子1只，嫩笋适量

配料：葱、姜、精盐、料酒、白胡椒粉、鸡精、高汤、香油各适量

操作步骤

①嫩笋洗净，切条；葱洗净切段；姜洗净切片；鸭子处理干净，洗净备用。

②将嫩笋一部分塞进鸭肚子里，用竹签封住，一部分备用。

③汤锅置火上，倒入高汤、嫩笋条、葱段、姜片煮5个小时，然后捞出葱段、姜片，放入鸭子，加料酒、精盐、白胡椒粉、鸡精，煲约7小时，最后淋入香油即成。

操作要领

煲汤宜用小火或文火。

视觉享受：★★★★ 味觉享受：★★★★★ 操作难度：★★★

嫩笋煲老鸭

TIME 730分钟

菜品特点
汤汁浓郁

野鸭山药汤

视觉享受：★★★
味觉享受：★★★★
操作难度：★★★★

菜品特点
热量较低
清淡爽口

➡ **主料：** 野鸭 1500 克，山药 250 克

➡ **配料：** 料酒 10 克，葱段 10 克，姜 5 片，精盐 3 克

🍃 操作步骤

①山药去皮，洗净切块；野鸭去毛及内脏，洗净后放入锅内，加入适量清水煮熟，捞出待凉，去骨切丁，原汤留用。

②将山药与鸭肉一起倒入原汤内，加入料酒、姜片、葱段、精盐，继续煮沸，最后拣出葱段、姜片即可。

🍃 操作要领

鸭肉须炖煮久一些，以煮烂为宜。

视觉享受: ★★★ 味觉享受: ★★★★ 操作难度: ★★★

鸭肉萝卜豆腐汤

TIME 25分钟

菜品特点
美味开胃
有利消化

● 主料: 鸭肉 300 克, 豆腐 300 克, 白萝卜 50 克

● 配料: 香菇、菠菜各 20 克, 姜 10 克, 胡椒粉、香菜、枸杞、精盐各适量

操作步骤

①鸭肉洗净切块; 豆腐切块; 白萝卜洗净切块备用; 香菜、菠菜洗净切段备用; 香菇洗净切片; 姜切末备用。

②锅中倒入清水加热, 放入鸭肉, 用姜末调味, 继续炖煮。

③加入白萝卜、菠菜、香菇、枸杞、豆腐大火煮开, 降低火力煮到鸭肉九成熟, 加入精盐、胡椒粉调味, 撒上香菜即成。

操作要领

当鸭肉煮沸之后, 要注意转文火加热。

● 主料: 老鸭1只, 竹笋1根

● 配料: 姜片、葱段、黄酒、精盐、鸡精、清汤各适量

操作步骤

①老鸭洗净, 择去杂毛, 斩成大块, 焯水捞出洗去血沫, 沥干; 竹笋洗净, 切成块。

②砂锅内放入适量清汤, 放入鸭块、姜片、葱段、黄酒, 大火烧开后改小火焖煮 1 小时, 放入竹笋片, 再煮 30 分钟后, 放入适量的精盐和鸡精即可。

操作要领

老鸭在焯水前可以先在凉水中浸泡 30 分钟。

视觉享受: ★★★★ 味觉享受: ★★★★ 操作难度: ★★★

锅仔鸭

TIME 100分钟

菜品特点
汤汁香浓
肉质软烂

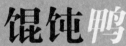

馄饨鸭

TIME 200分钟

菜品特点
馄饨鲜香
鸭肉香嫩

硬创享受 ★★★★
味觉享受 ★★★★★
操作难度 ★★★

➡ **主料：** 鸭1只，猪夹心肉、白馄饨皮各适量

👍 **配料：** 葱结2根，姜2片，香菜少许，黄酒、酱油、精盐、白糖、味精、麻油各适量

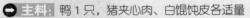

🥄 操作步骤

①香菜洗净切段；猪夹心肉去皮，洗净斩成茸，加味精、白糖、酱油、麻油搅拌成馅，用白馄饨皮包好。

②鸭子处理干净，放入沸水锅中烫一下，然后洗净备用。

③取砂锅，底部铺上竹垫，放入鸭子，加葱结、姜片、黄酒、清水，以大火煮沸，撇去浮沫，盖

上锅盖，转小火焖煮3小时。

④取出竹垫，将鸭子翻身，加精盐调味，继续焖煮至沸腾。

⑤净锅倒水，下入馄饨，煮熟捞入鸭汤中，撒上香菜即成。

🔥 操作要领

鸭子第一次焖煮时，须胸脯朝下地放在竹垫上。

132

视觉享受：★★★★ 味觉享受：★★★★ 操作难度：★★

黄花菜炖鸭

TIME 95 分钟

菜品特点
肉质细嫩
味醇适口

主料： 鸭半只，黄花菜少许

配料： 高汤适量，植物油、糖、老抽、料酒、精盐、鸡精各少许

操作步骤

①鸭处理干净，剁成小块；黄花菜放入水中浸泡2小时。

②锅置火上，倒入植物油，加入适量糖搅拌，直至糖融化；然后倒入鸭块翻炒，待表皮呈金黄色时加入老抽、料酒，再倒入黄花菜炒匀。

③加入高汤，煮沸后转小火焖30分钟，最后加入精盐、鸡精调味即成。

操作要领

烹饪时，可以放少许螺肉同煮，这样味道更鲜。

主料： 老鸭1只，芡实30克

配料： 姜、精盐各适量

操作步骤

①将老鸭除内脏后洗净，去除鸭头、鸭尾、肥油，切块，用清水漂洗干净，将水沥干；芡实洗净；姜去皮切片。

②锅中倒入清水，下鸭块、姜片、芡实，盖锅盖以大火煮沸，然后转小火继续煲约2小时。

③出锅前加精盐调味即可。

操作要领

去掉鸭肉上的肥油，汤就不会显得太油腻。

视觉享受：★★★★ 味觉享受：★★★★★ 操作难度：★★★

老鸭芡实汤

TIME 140 分钟

菜品特点
鸭肉香嫩
营养丰富

口磨灵芝鸭子煲

TIME 80分钟

自然身姿 ★★★★
味觉享受 ★★★★★
操作难度 ★★★

菜品特点
鸭肉香嫩
营养丰富

- ➡ **主料:** 鸭子1只, 口蘑、灵芝各少许
- 🥄 **配料:** 生姜1块, 葱1棵, 食盐适量

🔄 操作步骤

①鸭处理干净, 洗净切块; 口蘑洗净切片; 生姜去皮洗净; 葱洗净切段; 灵芝洗净切条。

②锅中倒水, 加生姜、葱段、食盐、鸭子、口蘑、灵芝, 以文火烧煮, 直至煮熟。

③最后拣去生姜、葱段即成。

🍲 操作要领

煮鸭子时不宜使用大火。

鸡

挑选

挑选健康的鸡，病快快的鸡最好不要购买。

性味

性平、温，味甘。

营养成分

营养素含量/100 克

成分名称	含量	成分名称	含量	成分名称	含量	成分名称	含量
热量（千卡）	167	脂肪（克）	9.4	蛋白质（克）	19.3	碳水化合物（克）	1.3

养生功效

鸡肉有益五脏、补虚亏、健脾胃、强筋骨、活血脉、调月经和止白带等功效，可益气、补精、添髓。

适宜人群

一般人群均可食用，老人、病人、体弱者更宜食用。

食物禁忌

感冒并伴有头痛、乏力、发热的人不宜食用鸡肉、鸡汤。

小鸡蛤蜊汤

视觉享受：★★★★
味觉享受：★★★★★
操作难度：★★★

TIME 50分钟

菜品特点
汤汁鲜香
鸡肉软嫩

➡ **主料：** 小公鸡1只，花蛤蜊300克

➡ **配料：** 豆芽、姜、蒜、八角各少许，植物油、料酒、生抽、白糖、精盐各适量

↻ 操作步骤

①小公鸡处理干净，剁成小块；豆芽洗净；姜、蒜切末；花蛤蜊放入淡盐水中浸泡，待吐净泥沙，控干水分。

②锅中倒植物油，烧热后下姜末、蒜末、八角爆香，倒入鸡块翻炒1分钟，烹入料酒、生抽，加白糖，继续翻炒1分钟。

③倒入清水，以大火煮沸，然后转中火焖煮，加精盐调味，最后加入花蛤蜊，待花蛤蜊张口时放入豆芽，略煮即可出锅。

◀ 操作要领

添入的清水以没过鸡块为准。

136

 桃鸡煲

TIME 70分钟

视觉享受：★★★★
味觉享受：★★★★★
操作难度：★★★

菜品特点
甜润可口
肉质软嫩

🔵 **主料：** 鸡700克，水蜜桃5个

👉 **配料：** 洋葱、番茄、胡萝卜片各少许，生粉10克，精盐、糖各5克，姜汁8克，啥汁、茄汁、胡椒粉水、胡椒粉、植物油各适量

🔄 操作步骤

①洋葱去皮，洗净切片；番茄洗净切块；水蜜桃切块；鸡处理干净，切成小块，放入精盐、糖、姜汁、生粉、胡椒粉水腌约35分钟，然后沥干。

②锅中倒植物油，油热后下鸡块煎炸，炸至微黄色时捞起，沥干油。

③净锅倒植物油，下洋葱、番茄翻炒，加精盐、糖、胡椒粉、茄汁、啥汁、生粉、清水，煮沸后加入水蜜桃块、鸡块、胡萝卜片，煮熟即成。

🔷 操作要领

做此菜最好选择土鸡，土鸡煲出的汤非常美味。

香菇鸡汤

视觉享受：★★★
味觉享受：★★★★
操作难度：★★★★

TIME 50分钟

菜品特点
口感美滑
酸甜适口

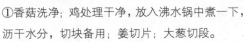

🔘 **主料：** 鸡1只，香菇5朵

🔘 **配料：** 姜1块，大葱1棵，卤包1包，八角少许，酱油15克，冰糖10克，酒、香油各8克

🌀 操作步骤

①香菇洗净；鸡处理干净，放入沸水锅中煮一下，沥干水分，切块备用；姜切片；大葱切段。

②将鸡块、香菇放入砂锅中，加卤包、酱油、酒、姜片、八角、冰糖、香油，以大火煮沸，转中火炖煮约20分钟，再转小火。

③加入大葱段，焖煮约10分钟，最后拣出大葱

即成。

🔋 操作要领

煲鸡汤时，先将鸡在开水里煮一下，俗称"飞水"，这样不仅可以去掉生腥味，也是一个彻底清洁的过程，还能使成汤清亮不混浊，鲜香无异味。

养身盖骨童子鸡

视觉享受：★★★★ 味觉享受：★★★★★ 操作难度：★★★

TIME 135分钟

菜品特点
营养丰富
鸡汤鲜美

➡ 主料： 童子鸡1只

➡ 配料： 蚕豆、枸杞、小红枣各少许，香菜1根，大葱1棵，姜1块，鲜汤500克，黄酒15克，精盐、味精各适量

🍳 操作步骤

①蚕豆、枸杞、小红枣、大葱分别洗净；姜切片；童子鸡处理干净，去除绒毛，敲断腿骨，用刀背在鸡背脊骨上斩几刀，使鸡身平伏，然后飞水。

②鸡放入品锅，加入蚕豆、枸杞、小红枣、大葱、姜片、鲜汤、黄酒、精盐、味精，盖锅盖，蒸2小时。

③最后拣去大葱、姜片，放入1根香菜即成。

🍃 操作要领 ◀◀◀

飞水时间约3分钟。

➡ 主料： 母鸡1只，田七20克

➡ 配料： 葱、姜、味精、清汤、黄酒、精盐各适量

🍳 操作步骤 ◀◀◀

①母鸡处理干净，剁成小块，放入碗内；田七分成两份，一份研末，一份上锅蒸软，然后切薄片备用；葱切段；姜切片。

②将鸡块放入蒸锅中，加田七、葱段、姜片、清汤、黄酒、精盐蒸2小时。

③最后拣出葱段、姜片，加味精调味，撒上田七末即成。

🍃 操作要领 ◀◀◀

蒸鸡的时间不宜过短。

田七鸡

视觉享受：★★★★ 味觉享受：★★★★★ 操作难度：★★★

TIME 135分钟

菜品特点
滋味鲜美
汤汁醇香

山药胡萝卜鸡汤

视觉享受：★★★
味觉享受：★★★
操作难度：★★

TIME：60 分钟

菜品特点
汤鲜肉嫩
营养丰富

➡ **主料：** 山药、胡萝卜各 50 克，鸡肉 200 克

👆 **配料：** 白萝卜丝、精盐、料酒、鸡精、植物油、香菜各适量

🍳 操作步骤

①将鸡肉洗净剁块，放入沸水锅中焯一下，捞出；山药、胡萝卜分别去皮洗净，切成滚刀块。

②锅置火上，倒入水烧开，放入鸡肉、料酒煮开，煮至鸡肉半熟，下入山药、胡萝卜，煮至熟烂。

③最后，加精盐、鸡精调味，放上白萝卜丝、香菜叶作装饰即可。

🍴 操作要领

加山药、胡萝卜前后均选用小火慢炖，这样才能使更多的营养进入汤里面。

乌鸡

挑选

新鲜的乌鸡鸡嘴干燥，富有光泽，口腔黏液呈灰白色，洁净没有异味；眼球充满整个眼窝，角膜有光泽；皮肤毛孔隆起，表面干燥紧缩；肌肉结实，富有弹性。

性味

性平，味甘。

营养成分

营养素含量 /100 克

成分名称	含量	成分名称	含量	成分名称	含量	成分名称	含量
热量（千卡）	111	碳水化合物（克）	0.3	脂肪（克）	2.3	蛋白质（克）	22.3
纤维素（克）	—	维生素 A(微克)	—	维生素 C(毫克)	—	维生素 E(毫克)	1.77
胡萝卜素（微克）	—	硫胺素（毫克）	0.02	核黄素（毫克）	0.2	烟酸（毫克）	7.1
胆固醇（毫克）	106	镁（毫克）	51	钙（毫克）	17	铁（毫克）	2.3
锌（毫克）	1.6	铜（毫克）	0.26	锰（毫克）	0.05	钾（毫克）	323
磷（毫克）	210	钠（毫克）	64	硒（微克）	7.73		

养生功效

①乌鸡具有滋阴清热、补肝益肾、健脾止泻等作用。

②食用乌鸡，可提高生理机能、延缓衰老、强筋健骨，对防治骨质疏松、佝偻病、妇女缺铁性贫血等症有明显功效。

适宜人群

一般人群均可食用。老人、少年儿童、妇女，特别是产妇和体虚血亏、肝肾不足、脾胃不健的人宜食。

食物禁忌

乌鸡虽是补益佳品，但多食能生痰助火、生热动风，故感冒发热或湿热内蕴而见食少、腹胀者不宜食用。

视觉享受：★★★★ 味觉享受：★★★★ 操作难度：★★★

滋补乌鸡汤

TIME 130 分钟

菜品特点
鲜香润口

主料： 乌鸡 500 克

配料： 冬虫夏草 10 克，人参、枸杞各 5 克，料酒、姜、味精、精盐各适量

操作步骤

①将乌鸡收拾干净，切块；冬虫夏草放入温水中浸泡片刻；姜去皮切片。

②砂锅置于火上，倒入 2000 克清水，加入料酒、姜片，煮沸后再倒入乌鸡、人参、冬虫夏草、枸杞同煮一会儿，改文火炖烂，加精盐、味精调味即可。

操作要领

乌鸡连骨（砸碎）熬汤滋补效果最佳。

主料： 乌鸡 300 克，芦荟 200 克

配料： 红枣、枸杞各少许，老姜、大葱、精盐、料酒、胡椒粉、猪油、味精、鸡精、鲜汤各适量

操作步骤

①乌鸡洗净，切块；红枣、枸杞洗净；老姜洗净切片；大葱洗净挽成结。

②锅中添水，煮沸后倒入芦荟焯一下，然后切块。

③锅中倒猪油，六成热时倒入鸡块煸干水分，加料酒、姜和葱结翻炒；再倒入鲜汤，加入芦荟、红枣、枸杞，用漏勺撇去浮沫，加料酒、精盐、胡椒粉，以小火慢炖。

④待鸡肉炖烂后，拣去姜片、葱结，加入味精、鸡精即可。

操作要领

炖煮时最好不用高压锅，用砂锅文火慢炖最好。

视觉享受：★★★★ 味觉享受：★★★★★ 操作难度：★★★

芦荟乌鸡汤

TIME 90 分钟

菜品特点
汤鲜味浓

清炖乌鸡汤

TIME 130分钟

菜品特点
顾香味农
口感特殊

视觉享受：★★★
味觉享受：★★★★★
操作难度：★★★

● **主料：** 乌鸡1只

● **配料：** 姜、香葱各少许，料酒、精盐、味精各适量

操作步骤

①姜切片；香葱切葱花；乌鸡处理干净，放沸水中焯一下。

②乌鸡放入砂锅，加入姜片、葱花、料酒，以大火煮沸，然后转小火炖2小时，加入精盐、味精调味即成。

操作要领

乌鸡须先焯水，以除去血水。

TIME 80分钟

菜品特点
酒香宜人
营养全面

滋补乌骨鸡

视觉享受：★★★★★
味觉享受：★★★★★
操作难度：★★★★

➡ **主料：** 乌骨鸡800克

👉 **配料：** 当归、南沙参、玉竹、枸杞各5克，姜10克，花雕酒、植物油各50克，精盐、上汤适量

🔄 操作步骤

①乌骨鸡洗净，斩件，放入沸水锅中焯水，然后捞出洗净，沥干水分；姜切片。

②当归、南沙参、玉竹、枸杞放入大碗中，上笼蒸熟。

③锅置火上，倒植物油烧热，下姜片煸香，倒入

上汤、蒸好的配料、花雕酒、乌骨鸡，用精盐调味，煮熟拣出姜片即成。

👍 操作要领

乌骨鸡须先焯水，以去除血水。

144

鸡蛋

挑选

可用日光透射：左手握成圆形，右手将蛋放在圆形末端，对着日光透射，新鲜的鸡蛋呈微红色，半透明状态，蛋黄轮廓清晰；如果鸡蛋昏暗不透明或有污斑，说明已经变质。

性味

性平、温，味甘。

营养成分

营养素含量/100 克

成分名称	含量	成分名称	含量	成分名称	含量	成分名称	含量
水分（克）	74.1	铜（毫克）	0.15	能量（千卡）	144	蛋白质（克）	13.3
脂肪（克）	8.8	碳水化合物（克）	2.8	不溶性纤维（克）	—	胆固醇（毫克）	585
锰（毫克）	0.04	维生素 A(微克)	234	胡萝卜素（微克）	—	视黄醇（微克）	234
硫胺素（毫克）	0.11	核黄素（毫克）	0.27	尼克酸（毫克）	0.2	维生素 C(毫克)	—
维生素 E(毫克)	1.84	钙（毫克）	56	磷（毫克）	130	钾（毫克）	154
钠（毫克）	131.5	镁（毫克）	10	铁（毫克）	2	锌（毫克）	1.1
硒（微克）	14.34						

养生功效

鸡蛋具有养心安神、补血、滋阴润燥等作用。

适宜人群

一般人群均可食用。适宜体质虚弱、营养不良者食之，贫血及妇女产后、病后调养；适宜婴幼儿发育期补养。

食物禁忌

①红糖与生鸡蛋同食：会引起中毒。

②鸡蛋与味精同食：破坏鸡蛋的天然鲜味。

③鸡蛋与茶同食：影响人体对蛋白质的吸收和利用。

④鸡蛋与豆浆同食：降低人体对蛋白质的吸收率。

⑤鸡蛋与地瓜同食：会腹痛。

⑥鸡蛋与消炎片同食：会中毒。

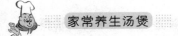

紫菜鸡蛋汤

口感享受：★★★
味觉享受：★★★
操作难度：★★

TIME 5分钟

菜品特点
清淡可口

🔶 **主料**：鸡蛋2个，紫菜适量

🔶 **配料**：精盐、鸡精、胡椒粉、香油各适量

🌀 操作步骤

①紫菜洗净，撕碎；鸡蛋打入碗中，搅匀备用。

②锅内倒水，烧开后放入紫菜，搅拌至散开，稍煮片刻。

③蛋液顺着筷子倒入，加入精盐、鸡精、胡椒粉

调味，淋入香油即可。

🌀 操作要领

香油不宜淋入过多，适量即可。

鸽

挑选

观测外表以飞翔力高、体格强壮为准，羽毛须洁白，头部宜广阔，脸型要长，嘴是 V 字形，鸣声圆润而洪亮，眼睛要圆而光亮，腿部必须粗大而挺直。

性味

性平，味咸。

营养成分

营养素含量 /100 克

成分名称	含量	成分名称	含量	成分名称	含量	成分名称	含量
热量（千卡）	201	硫胺素（毫克）	0.06	钙（毫克）	30	蛋白质（克）	16.5
核黄素（毫克）	0.2	镁（毫克）	27	脂肪（克）	14.2	烟酸（毫克）	6.9
铁（毫克）	3.8	碳水化合物（克）	1.7	维生素 C（毫克）	0	锰（毫克）	0.05
膳食纤维（克）	0	维生素 E（毫克）	0.99	锌（毫克）	0.82	维生素 A（微克）	53
胆固醇（毫克）	99	铜（毫克）	0.24	胡萝卜素（微克）	1	钾（毫克）	334
磷（毫克）	136	视黄醇当量（微克）	66.6	钠（毫克）	63.6	硒（微克）	11.08

养生功效

①鸽是甜血动物，适宜贫血者食用，能促进恢复健康。

②鸽肉对毛发脱落、中年秃顶、头发变白、未老先衰等有一定的疗效。

③鸽肉含有延缓细胞老化的特殊物质，对于防止细胞衰老、延年益寿有一定作用。

适宜人群

一般人群均可食用。

食物禁忌

鸽肉性平，诸无所忌。

椰子炖乳鸽

TIME 190 分钟

操作难度：★★★

菜品特点
鲜爽味浓

● **主料**：乳鸽1只，椰子1个
● **配料**：姜、料酒、上汤、精盐、味精各适量

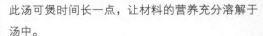

操作步骤

①椰子取椰汁和椰肉，留椰子壳备用；乳鸽处理干净，放入沸水中烫一下，然后捞出，控干水分，切成小块；姜切片。

②鸽块放炖盅内，加入姜片、椰肉，倒入椰汁、料酒、上汤，盖上盅盖，放在沸水锅内隔水炖约

3小时，最后加精盐、味精调味，拣出姜片，倒入椰子壳即成。

操作要领

此汤可煲时间长一点，让材料的营养充分溶解于汤中。

148

北芪党参炖老鸽

TIME 130分钟

菜品特点
美味可口
香气横溢

视觉享受：★★★★
味觉享受：★★★★
操作难度：★★★

● 主料：老鸽1只，北芪25克，党参25克

● 配料：胡萝卜15克，姜5克，花雕酒、精盐、味精、鲜汤各适量

操作步骤

①将老鸽剖好；姜去皮，切片；胡萝卜洗净切小块；用开水将老鸽焯水，去血污，捞出洗净。

②煲内加鲜汤，烧开后放入老鸽、胡萝卜、北芪、党参、姜片、花雕酒，煲2小时后调入精盐和味精即可。

操作要领

此菜品不用放太多调味料。

149

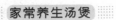

清炖**乳鸽**

视觉享受：★★★
味觉享受：★★★★★
操作难度：★★★★

TIME 130 分钟

菜品特点
色泽美观
美味可口

● **主料：** 乳鸽 1 只

● **配料：** 香菇、木耳、山药、红枣、枸杞各少许，姜、精盐、料酒各适量

🔄 操作步骤

①鸽子剥净，斩去脚爪，放在沸水中，加料酒烫片刻；姜切片备用；山药切片；香菇洗净切片；木耳洗净撕片；红枣、枸杞分别洗净。

②砂锅内放入鸽子，铺上姜片，其后放入山药、香菇、木耳、红枣、枸杞和精盐，注入沸水，盖上锅盖，炖约 2 小时即可。

📖 操作要领

如果喜欢吃山药，可多放一些。

银耳鸽子汤

TIME 80分钟

菜品特点
色泽美观
肉质鲜美

 主料： 鸽子1只，干银耳15克

配料： 姜片、精盐、醋各适量

操作步骤

①干银耳泡发；鸽子处理干净，切成小块。

②汤锅中添入清水，放入鸽肉、姜片，以中火焖煮约40分钟，然后加入银耳，再焖煮约30分钟，加精盐、醋即成。

操作要领

醋不宜添加太多，少许即可。

天麻炖老鸽

视觉享受：★★★★
味觉享受：★★★★★
操作难度：★★★★

TIME 130 分钟
菜品特点
风味独特
起鲜肉嫩

➡ **主料：** 老鸽 250 克，天麻 10 克

➡ **配料：** 香菜 1 根，大葱 15 克，姜 10 克，枸杞 5 克，精盐 3 克，味精 2 克，清汤适量

操作步骤

①将老鸽宰杀洗净，开腹，去内脏，洗净血水，入沸水中焯过；姜切片；大葱切段；香菜洗净；天麻放于米饭上蒸 10 分钟，取出备用。

②煲内放入净鸽、枸杞、天麻、清汤、葱段、姜片，文火煲 2 小时取出，拣去葱段、姜片，加入精盐、味精调味，点缀香菜即成。

操作要领

制作前，先把天麻放于米饭上蒸，这样能使天麻发挥其最大药效。

★ ★ ★ ★ ★

甜润·养生
甜品汤煲

★ ★ ★ ★ ★

银耳

应挑选色泽鲜白带微黄，有光泽，朵大、体轻、疏松，肉质肥厚，坚韧而有弹性，蒂头无耳脚、黑点，无杂质者。颜色过于洁白的银耳不宜购买。品质新鲜的银耳，应无酸、臭等异味。存放时间较久的银耳，不仅色泽会逐渐变黄，而且还会因蛋白质、脂肪成分的变性而有酸气或其他异味。银耳本身应无味道，选购时可取少许试尝，如舌有刺激或辣的感觉，可能这种银耳是用硫黄熏制做了假的。

性味

味甘，性平。

营养成分

营养素含量/100 克

成分名称	含量	成分名称	含量	成分名称	含量	成分名称	含量
热量（千卡）	200	碳水化合物（克）	67.3	脂肪（克）	1.4	蛋白质（克）	10
纤维素（克）	30.4	维生素 A（微克）	8	维生素 C（毫克）	—	维生素 E（毫克）	1.26
胡萝卜素（微克）	50	硫胺素（毫克）	0.05	核黄素（毫克）	0.25	烟酸（毫克）	5.3
胆固醇（毫克）	—	镁（毫克）	54	钙（毫克）	36	铁（毫克）	4.1
锌（毫克）	3.03	铜（毫克）	0.08	锰（毫克）	0.17	钾（毫克）	1588
磷（毫克）	369	钠（毫克）	82.1	硒（微克）	2.95		

养生功效

①银耳能提高肝脏解毒能力，起保肝作用；银耳对老年慢性支气管炎有一定疗效。

②银耳富含维生素 D，能防止钙的流失，对生长发育十分有益；因富含硒等微量元素，它可以增强机体抗肿瘤的免疫力。

③银耳富有天然植物性胶质，加上它的滋阴作用，长期服用可以润肤，并有祛除脸部黄褐斑、雀斑的功效。

④银耳中的有效成分酸性多糖类物质，能增强人体免疫力，调动淋巴细胞，加强白细胞的吞噬能力，兴奋骨髓造血功能。

适宜人群

一般人群均可食用。

食物禁忌

外感风寒、出血症、糖尿病患者慎用。

视觉享受 ★★★ 味觉享受 ★★★★ 操作难度 ★★★

银耳雪蛤汤

TIME 70 分钟

菜品特点
蜀香味足
润肠养胃

主料：干银耳、雪蛤膏各适量

配料：香肠少许，冰糖适量

操作步骤

①干银耳泡发，撕成小片；雪蛤膏提前用水浸泡12小时，然后放入热水中洗净，捞起，控干水分；香肠切三角片。

②汤锅置火上，加入雪蛤膏、银耳、冰糖、香肠片和水，煮 1 小时即可。

操作要领

清洗雪蛤膏的热水温度不宜过高，约 80℃即可。

主料：银耳 30 克

配料：去皮花生仁 10 克，枸杞 5 克，红枣 2 个

操作步骤

①干银耳泡发，去蒂及杂质后撕成小朵，加适量水放入蒸笼，蒸 30 分钟后取出备用；枸杞、红枣洗净；去皮花生仁泡好备用。

②银耳、枸杞、红枣、去皮花生仁放入砂锅中，大火煮开，再用小火煮约 10 分钟即成。

操作要领

银耳不要煮太久，否则容易发黏。

视觉享受 ★★★★ 味觉享受 ★★★★★ 操作难度 ★★★★

银耳羹

TIME 50 分钟

菜品特点
滋味香甜
营养美味

红枣

挑选

①看色泽：干枣应为紫红色，有光泽，皮上皱纹少而浅，不掉皮屑。如果皮色不鲜亮，无光泽或呈暗红色，表色有微霜，有软烂硬斑现象的红枣皆为次品。

②观果形：枣的果形完整，颗粒均匀，无损伤和霉烂的为优良品。观果形应注意枣蒂，如有虫眼和咖啡色粉末的枣为质次品。

性味

味甘，性平。

营养成分

营养素含量/100 克

成分名称	含量	成分名称	含量	成分名称	含量	成分名称	含量
食部（%）	88	水分（克）	14.5	能量（千卡）	317	蛋白质（克）	2.1
脂肪（克）	0.4	碳水化合物（克）	81.1	不溶性纤维（克）	9.5	胆固醇（毫克）	—
锰（毫克）	0.34	维生素A（微克）	—	胡萝卜素（微克）	—	视黄醇（微克）	—
硫胺素（毫克）	0.08	核黄素（毫克）	0.15	尼克酸（毫克）	1.6	维生素C（毫克）	7
维生素E（毫克）	—	钙（毫克）	54	磷（毫克）	34	钾（毫克）	185
钠（毫克）	8.3	镁（毫克）	39	铁（毫克）	2.1	锌（毫克）	0.45
硒（微克）	1.54	铜（毫克）	0.31				

养生功效

①红枣能提高人体的免疫力，并可抑制癌细胞。药理研究发现：红枣能促进白细胞的生成，降低血清胆固醇，提高血清蛋白，保护肝脏，红枣中还含有抑制癌细胞，甚至可使癌细胞向正常细胞转化的物质。

②经常食用鲜枣的人很少患胆结石，这是因为鲜枣中富含维生素C，使体内多余的胆固醇转变为胆汁酸，胆固醇少了，结石形成的概率也就减少了。

③红枣中富含钙和铁，对防治骨质疏松和贫血有重要作用，中老年人、更年期患者常会患骨质疏松，正在生长发育期的青少年和成年女性容易贫血，大枣对他们会有十分理想

的食疗作用。

④对病后体虚的人也有良好的滋补作用。

⑤红枣所含的芦丁，是一种使血管软化，从而使血压降低的物质，对高血压病有防治功效。

⑥红枣可以抗过敏、除腥臭怪味、宁心安神、益智健脑、增强食欲。

适宜人群

一般人群均可食用。

食物禁忌

①不要跟黄瓜或萝卜一起食用：萝卜中含有抗坏血酸酶，黄瓜中则含有维生素分解酶，这两种成分在一起可能破坏其食物中的维生素。

②不要与动物肝脏同食：动物的肝脏富含铜、铁等元素，铜、铁离子极易使其食物中所含的维生素氧化而失去功效。

③服用退热药时不要食用红枣：服用退热药物同时食用含糖量高的食物容易形成不溶性的复合体，减缓药物初期的吸收速度。枣属于含糖量高的食物，所以不能与退热药物同食。

红枣银耳羹

视觉享受：★★★★
味觉享受：★★★★
操作难度：★★★

TIME 40 分钟

菜品特点
美味可口

主料： 干银耳 15 克，红枣 30 克，莲子 30 克

配料： 胡萝卜少许，冰糖适量

🌀 操作步骤

①将干银耳与莲子用清水泡发，银耳择去蒂及杂质后撕成小朵，然后与泡过的莲子一起过水冲洗干净，沥干备用。

②红枣去核，洗净备用；胡萝卜去皮，洗净切片。

③将银耳、莲子、红枣、胡萝卜、冰糖倒入砂锅中，加入小半锅水，盖上锅盖，大火烧开后，改小火，炖约 30 分钟即可。

🌀 操作要领

将红枣里的核去除，更容易入味。

158

★★★★★

清香·营养
豆制品汤煲

★★★★★

豆腐

挑选

①豆腐本身的颜色略带微黄，如果色泽过于死白，有可能添加了漂白剂，因此不宜选购。

②豆腐是高蛋白质的食品，很容易变质，尤其是自由市场卖的板豆腐较盒装豆腐更易遭到污染，应多加留意。

性味

性微寒，味甘。

营养成分

营养素含量 /100 克

成分名称	含量	成分名称	含量	成分名称	含量	成分名称	含量
食部（%）	100	水分（克）	82.8	能量（千卡）	82	蛋白质（克）	8.1
脂肪（克）	3.7	碳水化合物（克）	4.2	不溶性纤维（克）	0.4	胆固醇（毫克）	—
灰分（克）	1.2	维生素A（微克）	—	胡萝卜素（微克）	—	视黄醇（微克）	—
硫胺素（毫克）	0.04	核黄素（毫克）	0.03	尼克酸（毫克）	0.2	维生素C（毫克）	—
维生素E（毫克）	2.71	钙（毫克）	164	磷（毫克）	119	钾（毫克）	125
钠（毫克）	7.2	镁（毫克）	27	铁（毫克）	1.9	锌（毫克）	1.11
硒（微克）	2.3	铜（毫克）	0.27	锰（毫克）	0.47	酒精（毫升）%	—

养生功效

①豆腐可以防辐射，加快新陈代谢，有延年益寿之功效。

②豆腐可以改善人体脂肪结构。

③食用豆腐可以预防和抵制癌症、更年期疾病、骨质疏松症等症状。

适宜人群

一般人群均可食用。豆腐是老人、孕妇、妇的理想食品，也是儿童生长发育的重要食物；豆腐对更年期、病后调养、肥胖、皮肤粗糙者很有好处；脑力工作者、经常加夜班者非常适合食用。

食物禁忌

①因豆腐中含嘌呤较多，嘌呤代谢失常的痛风病人和血尿酸浓度较高的患者以及脾胃虚寒、经常腹泻便溏者忌食。

②臭豆腐忌多吃。 臭豆腐虽然闻起来很臭，但仍不失为一道美味，有些人对它敬而远之，有些人则对它青睐有加。臭豆腐属于发酵后的豆制品，在其制作过程中不仅会产生一定的变质物质，而且容易受到细菌污染，从饮食健康的角度来说，臭豆腐（尤其是油炸臭豆腐）不宜多吃。

海米豆芽豆腐汤

视觉享受：★★★
味觉享受：★★★★
操作难度：★★

TIME：30分钟

菜品特点
色泽鲜润
汤清宜人

主料：豆腐200克，海米、豆芽各适量

配料：葱、姜、蒜各少许，植物油、精盐、白糖各适量。

 操作步骤

①豆腐切块；海米洗去杂质；豆芽洗净；姜、葱、蒜切末备用。

②锅中热油，六成热时下姜末、蒜末爆香，倒入海米煸炒，倒入清水、豆腐、豆芽同煮，加入精盐、白糖调味。

③煮熟后撒上葱末即可。

操作要领

豆腐最好选用北豆腐，北豆腐相比南豆腐质地要坚实一些，不易碎。

视觉享受：★★★★　味觉享受：★★★★　操作难度：★★

排骨豆腐汤

TIME 80 分钟

菜品特点
色泽美观
肉质鲜美

主料： 排骨、豆腐各适量

配料： 菠菜少许，精盐、老抽、生抽、香油、胡椒粉各适量

操作步骤

①菠菜洗净切段；排骨放入热水锅中焯水，煮熟；豆腐切块。

②取砂锅，倒入煮熟的排骨，放胡椒粉、豆腐、精盐、生抽，以大火煮沸。

③放入菠菜，滴几滴老抽，继续烧煮片刻，最后滴入香油即成。

操作要领

加入菠菜后，烧煮的时间不宜过长。

主料： 豆腐适量

配料： 虾仁、鸡茸、油菜、骨头汤各适量，精盐少许

操作步骤

①虾仁切碎，加入鸡茸拌匀，然后捏成小丸；油菜洗净备用。

②锅置火上，倒入骨头汤烧开，加入豆腐、虾仁丸，以小火烧煮，煮熟时加入油菜，最后加精盐调味即可。

操作要领

食用时淋上一些米醋，味道更佳。

视觉享受：★★★★　味觉享受：★★★★　操作难度：★★★

豆腐骨汤

TIME 40 分钟

菜品特点
清淡可口
风味诱人

视觉享受：★★★★ 味觉享受：★★★★ 操作难度：★★★

蟹肉烩豆腐

TIME 40 分钟

菜品特点

味道鲜美
口感极佳

主料： 嫩豆腐 200 克，蟹肉 60 克

配料： 韭黄 30 克，香菜 3 克，橄榄油、料酒、香油各 5 克，精盐、胡椒粉各少许，淀粉 10 克

操作步骤

①嫩豆腐切小块；韭黄洗净切碎。

②锅置火上，倒入橄榄油，加清水，以大火煮沸后加入嫩豆腐、蟹肉、韭黄同煮，加精盐、胡椒粉调味，并倒入料酒，同时用淀粉勾芡。

③待煮熟时加入香菜，稍煮淋入香油即可出锅。

操作要领

韭黄须反复清洗，以确保无农药残留。

主料： 豆腐 300 克，猪肺 200 克

配料： 火腿 25 克，葱 15 克，姜 10 克，精盐、味精各 5 克，料酒 8 克，鲜汤、猪油各适量

操作步骤

①猪肺洗净，切小块；葱洗净切花；姜切末；火腿去皮切末；豆腐切块。

②锅置火上，添入清水，放入猪肺煮熟；净锅添清水，煮沸后放入豆腐块，然后捞出放入凉水中浸凉。

③锅置火上，倒入猪油，烧热后加入鲜汤、猪肺、豆腐、精盐、味精、料酒、姜末，盖锅盖烧煮，待汤汁乳白时，撒上葱花、火腿末，出锅即可。

操作要领

豆腐最好选用南豆腐。

视觉享受：★★★ 味觉享受：★★★★ 操作难度：★★★

猪肺豆腐汤

TIME 40 分钟

菜品特点

汤汁乳白
口感清淡

腐竹

挑选

优质腐竹：质量好的腐竹为枝条或片叶状，呈淡黄色，有光泽；质脆易折，条状折断有空心，无霉斑、杂质、虫蛀；具有腐竹固有的香味，无其他异味；烹饪后有腐竹固有的鲜香滋味。

次质腐竹：质量稍次的腐竹色泽较暗淡或泛白，无光泽，并有较多折断的枝条或碎块，有较多实心条；有腐竹固有的香气，滋味平淡。

劣质腐竹：劣质腐竹呈灰黄色、深黄色或黄褐色，色彩暗而无光泽；有霉斑、虫蛀、杂质；有霉味、酸臭味等不良气味；烹饪后食用有苦味、涩味或酸味等不良滋味。

性味

味甘，性平。

营养成分

营养素含量/100 克

成分名称	含量	成分名称	含量	成分名称	含量	成分名称	含量
热量（千卡）	409	碳水化合物（克）	18.8	脂肪（克）	17.4	蛋白质（克）	44.6
纤维素（克）	0.2	维生素 E(毫克)	20.63	硫胺素（毫克）	0.31	核黄素（毫克）	0.11
烟酸（毫克）	1.5	镁（毫克）	111	钙（毫克）	116	铁（毫克）	13.9
锌（毫克）	3.81	铜（毫克）	1.86	锰（毫克）	3.51	钾（毫克）	536
磷（毫克）	318	钠（毫克）	9.4	硒（微克）	2.26		

养生功效

腐竹由黄豆制成，具有与黄豆相似的营养价值，含黄豆蛋白、膳食纤维及碳水化合物等，对人体非常有益。腐竹的保健功能同豆浆相差不大，几乎适合一切人食用。

适宜人群

一般人群均可食用。

食物禁忌

腐竹的热量和其他豆制品比起来有些高，肥胖者不宜多吃。

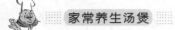

腐竹甲鱼汤

视觉享受：★★
味觉享受：★★★★
操作难度：★★★

TIME 30分钟

菜品特点
汤鲜味美
滋补良品

- **主料**：甲鱼 500 克，腐竹 100 克
- **配料**：葱末 10 克，姜末 5 克，料酒 8 克，精盐 4 克，川贝母适量

操作步骤

①将腐竹用热水泡开备用；将甲鱼放入热水中宰杀，剖开，去内脏并洗净，甲鱼肉切成块状。

②将川贝母洗净备用。

③在砂锅里倒入适量清水，加姜末、葱末、料酒、

精盐调味，加入川贝母、腐竹、甲鱼一起炖熟即成。

操作要领

甲鱼属于杂食性动物，宰杀甲鱼的时候要注意清洗干净。